国家重点基础研究发展计划(973计划)项目(2015CB060200)资助
安阳工学院博士科研启动基金项目(40076318)资助

扰动应力下
裂隙岩体的渗透演化规律

张　静◎著

U0337968

中国矿业大学出版社

·徐州·

内 容 简 介

本书主要以地下裂隙岩体面临的复杂环境为背景,采用室内试验和理论分析相结合的研究方法,开展扰动应力下裂隙岩体的渗透演化规律研究,结合声发射技术动态监测岩石的应力应变演化过程,探讨了静态应力和扰动应力下裂隙岩体渗透演化规律,系统介绍了作者多年来在地下裂隙岩体渗透演化及稳定性方面的研究成果。本书研究成果可以为深部裂隙岩体的安全问题提供理论支持。全书内容有绪论、裂隙岩体渗流试验方案、静态和扰动应力下岩石渗透演化规律、静态和扰动应力下粗糙裂隙岩体的渗透演化规律、扰动应力下裂隙岩体的渗透演化模型、扰动应力下裂隙岩体的稳定性分析。

本书可供地下工程、采矿、冶金、水电、矿建等领域科研人员和现场技术人员以及高等院校师生参考。

图书在版编目(CIP)数据

扰动应力下裂隙岩体的渗透演化规律/张静著.—

徐州:中国矿业大学出版社,2023.2

ISBN 978 - 7 - 5646 - 5736 - 9

Ⅰ.①扰… Ⅱ.①张… Ⅲ.①裂缝(岩石)—岩体—研究 Ⅳ.①TE357

中国国家版本馆 CIP 数据核字(2023)第 030755 号

书　　名	扰动应力下裂隙岩体的渗透演化规律	
著　　者	张　静	
责任编辑	路　露	
出版发行	中国矿业大学出版社有限责任公司	
	(江苏省徐州市解放南路　邮编221008)	
营销热线	(0516)83885370　83884103	
出版服务	(0516)83995789　83884920	
网　　址	http://www.cumtp.com　E-mail:cumtpvip@cumtp.com	
印　　刷	徐州中矿大印发科技有限公司	
开　　本	787 mm×1092 mm　1/16　印张 6.75　字数 173 千字	
版次印次	2023 年 2 月第 1 版　2023 年 2 月第 1 次印刷	
定　　价	39.00 元	

(图书出现印装质量问题,本社负责调换)

前　言

　　2016 年,习近平总书记在全国"科技三会"上举例指出:"从理论上讲,地球内部可利用的成矿空间分布在从地表到地下 1 万米,目前世界先进水平勘探开采深度已达 2 500 米至 4 000 米,而我国大多小于 500 米,向地球深部进军是我们必须解决的战略科技问题。"大量水利水电建设工程、隧道工程、军事国防工程以及油气及核废料地下存储项目等在向地下深部空间发展。

　　随着资源的开发利用向深部发展,地下岩体工程面临着各种复杂环境。如深部开采过程中,承压水位随之增高、水头压力越来越大,同时地下岩体会受到远场地震波、开采爆破震动及重型设备振动等扰动应力的影响。扰动应力和渗透水压力共同作用于岩体引发了一系列的动力失稳灾害,如矿山透水、隧道突泥涌水及围岩体坍塌滑坡等,易造成重大的人员伤亡和巨大的经济损失。

　　地下岩体中普遍存在着裂隙,而岩体裂隙为地下水的储存和运移提供了场所和通道,使得水与岩体的接触面积增大,岩体损伤弱化加剧,从而影响岩体的力学性质、渗透特性及其稳定性。加之持续机械钻凿、重型设备振动、天然地震等动力现象均以扰动载荷的形式作用于岩体,使得粗糙裂隙岩体渗透率的变化及裂隙岩体失稳特征更加不确定。因此,研究扰动应力-渗流耦合作用下的裂隙岩体渗透演化规律,揭示扰动诱发含导水构造岩体失稳突水的微宏观机制,可为深部工程的安全问题提供一定的工程应用指导。

　　本书集中体现笔者多年来在扰动应力下裂隙岩体渗透演化规律方面的研究成果,共分为 6 章。第 1 章为绪论,介绍了岩石和裂隙岩体渗透演化及应力作用下裂隙岩体渗透演化研究现状。第 2 章为裂隙岩体渗流试验方案,主要介绍了试样制备、试验设备简介、试验方案设计及数据处理。第 3 章为静态和扰动应力下岩石渗透演化规律研究,利用声发射技术动态监测岩石的应力应变演化过程,在 MTS815 岩石力学试验机上进行岩石的渗透率测试试验,探讨常规三轴应力(静态应力)下及逐级循环振幅(扰动应力)下岩石声发射-应力-应变-渗透率之间的关系。第 4 章为静态和扰动应力下粗糙裂隙岩体的渗透演化规律研究,通过光学三维扫描仪对试验前后裂隙表面进行了扫描,试验过程中保持应力条件不变,研究裂隙面对裂隙岩体渗透率的影响,进而分析了静态应力和扰动应力下粗糙裂隙岩体渗透演化规律。第 5 章为扰动应力下裂隙岩体的渗透演化模型,研究循环加载频率和循环振幅对裂隙岩体的轴向位移和渗透率演化的影响。通过分析不同循环加载频率和循环振幅下裂隙岩体渗透率演化的试验数据,建立了扰动应力条件下裂隙岩体的渗透率演化模型。第 6 章为扰动应力下裂隙岩体的稳定性分析。重点基于传统裂隙岩体失稳准则,考虑扰动应力下循环振幅和循环加载频率因数,建立了扰动应力下岩体失稳准则。结合扰动应力下岩体失稳准则和裂隙岩体渗透率演化模型,研究了裂隙岩体稳定系数及渗透率演化,探讨了裂隙岩体稳定性特征。

在此书奉献给采矿界广大同仁之际,需要说明的是本书引用众多专家、学者的成果,在此一并表示衷心的感谢。特别感谢博士生导师周子龙教授的指导。

由于作者水平有限,书中难免有不妥之处,敬请读者批评指正。

著　者

2022 年 12 月于安阳

目　　录

第1章 绪 论

1.1 研究背景及意义

    地下岩体中普遍存在着裂隙,而岩体力学及其渗透特性受岩体裂隙节理的控制[1]。裂隙岩体的渗透性影响着热和溶质的对流输送及流体压力升高等关键的水文地质过程[2],核废料处置和二氧化碳地质封存,以及油和天然气开采和地热资源开发利用等[3]。随着资源的开发利用向"地球深部进军"[4],裂隙岩体面临着各种复杂环境[5]。如深部开采过程中,承压水位随之增高、水头压力越来越大,同时裂隙岩体会受到远场地震波、断层活化、开采爆破震动及重型设备振动等扰动应力的影响[6-7]。在地下岩体工程中,由于开挖爆破及地震等扰动应力作用,裂隙岩体经常发生变形或者滑移[8-9],从而影响裂隙岩体的渗透特性。由于以往研究中静态应力的局限性,扰动应力对裂隙岩体的渗透性的影响机制经常被忽略,由此引发了一系列的工程事故。如采矿活动中,由于开挖扰动的作用,岩体扩展或者断层活化,渗流通道集中,岩体渗透率增大,从而造成严重的突水及淹井等;隧道施工扰动作用下的岩溶塌陷涌水及地震过后岩体坍塌滑坡等灾害。相关失稳灾害示例如图 1-1 所示。

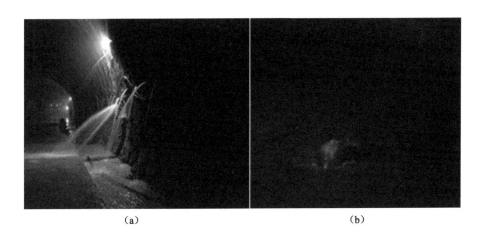

(a)   (b)

图 1-1 相关失稳灾害示例

图 1-1 （续）

鉴于扰动应力与渗流作用耦合的复杂性,关于裂隙岩体中渗透率演化的研究大多是静态应力作用下的研究,而开挖及地震引起的扰动应力作用下裂隙岩体渗透率演化的研究很少涉及。因此,扰动应力下裂隙岩体渗透率演化规律是岩石力学及地球科学等重大工程的基础,也是实际工程研究中亟待解决的关键科学技术问题。

1.2 研究现状

1.2.1 岩石渗透率演化的研究现状

（1）现场开挖引起的岩石渗透率变化的研究现状

地下工程岩体处于原岩应力状态下的完整岩石渗透率较低,由于爆破等开采及远场地震等应力扰动影响,岩体出现微裂隙、起裂及扩展,水压的存在强化了此过程,从而使岩体的力学特性和渗流特性发生巨大的变化。为表征岩体在扰动应力作用下的变形损伤渗透率演化特征,国内外学者做了进一步的研究。Kelsall 等指出爆破应力作用会引起地下井周渗透性的变化;通过简化裂隙几何和初始应力状态的假设,分析了圆井筒的应力变化及对应的岩体渗透率变化;研究结果表明,爆破可使紧靠开口处岩体的水力传导性大幅提高[10]。Chen 等采用现场资料表征和数值模拟相结合的方法,对地下厂房洞室岩体的开挖松弛效应及其对岩体导水特性和渗流特性的影响进行了研究;结果表明,岩体开挖诱导的渗透率变化以应变相关的水力导水系数模型为特征,反映了临界定向裂隙的发育规律和变形特征[11]。

（2）室内试验岩石渗透率演化的研究现状

Meng 等研究了具有不同初始损伤特征的花岗岩在三轴压缩条件下的损伤和渗透率的演化规律,为破坏岩石结构处理的设计和施工提供了有价值的见解[12]。Mašín 等引入了自然孔隙和裂隙的更新体积分数的损伤本构模型,将孔隙率测量与渗透率联系起来;模拟了排水三轴压缩试验。裂隙萌生前,较大的天然孔隙受到挤压,渗透率下降。损伤发生后,由于裂隙密度增大,渗透率增大。该模型较好地反映了压应力对损伤演化和渗透率变化的影响[13]。Wang 等在三轴压缩过程中测量了完整煤的变形情况、强度变化和渗透率演化。其中,渗透率通过恒压差法连续测量,同时测量水和强吸附性二氧化碳气体的轴向应变和体积应变。该试验结果表明,强度和杨氏模量随压应力的增大而增大,而渗透率在初始可逆变形状态下存在滞后;随着偏应力和应变的增大,渗透率首先随着已有裂隙的闭合而减小,其次随着新的竖向膨胀微裂纹的产生而增大[14]。Chen 等通过三轴压缩试验测得花岗岩的渗透率。该试验结果表明,根据岩体应力-应变行为的明显特征,花岗岩的渗透率在微裂纹初始闭合区域明显减小,在弹性区域渗透率值恒定,在裂纹扩展区域渗透率急剧增大;随着偏应力的增加,渗透率增加了两个数量级以上,直至试样破裂;将微观结构变化的机理与渗透率变化联系起来,建立了关于渗透率上限的经验模型[15]。Xu 等根据短期三轴压缩耦合气体渗透试验结果,分析了压应力对砂岩试样强度和破坏模式的影响。结果表明,不同压应力作用下的渗透率变化规律相似,压差对砂岩的力学行为影响不大,而砂岩试样的体积应变与砂岩试样的渗透率呈线性关系[16]。Lu 等利用自制的多功能真三轴物探仪进行了试验,研究了在真三轴应力条件下,应力矿脉角对砂岩变形、变形模量和渗透率的影响。结果表明,主应变、体积应变、偏应变和渗透率随应力矿脉角的变化而变化,最终呈现不同程度的增大或减小。在分析试验结果的基础上,建立了一个可同时用体积应变和偏应变表示的渗透率模型[17]。Xiao 等利用高压岩石三轴自动化系统对不同渗流压力下的红砂岩进行了三轴压缩试验,分析了岩石破坏过程中强度、形变、轴向应变刚度和渗透率的变化规律。结果表明,随着渗流压力的变化,岩石的强度和抗变形能力会发生变化,应力阈值随渗流压力的增大而减小;根据渗透率在峰值前渐进破坏过程中的演化规律,建立了渗透率与应力的分段函数关系模型[18]。

　　Souley 等在试验研究的基础上阐释了由微裂纹扩展引起的渗透率变化。FLAC³ᴰ 数值模拟预测与三轴压缩渗透率测量的对比结果表明,试验结果与预测结果吻合良好[19]。Pereira 等将材料的孔隙大小分布与岩石的力学行为相耦合进行了变形和破坏对多孔介质渗透性影响的模拟;指出岩石微观结构以天然孔隙和裂隙的大小分布为特征,可利用泊肃叶方程和达西定律来更新岩石的固有渗透率。该模型很好地捕捉到了由天然孔隙弹性压缩引起的固有渗透率下降,以及裂隙打开引起的渗透率跃变现象[20]。

　　(3) 考虑岩石各向异性的渗透率演化的研究现状

　　Benson 等为了解孔隙空间各向异性与岩石物性之间的关系,开发了一种能够在静水压力高达 100 MPa 的条件下可同时测量渗透率、孔隙率和超声速度的新仪器[21]。Levasseur 等在三轴压缩试验中进行了渗透率测量,研究了脆性岩石的各向异性损伤及相关渗透率变化。通过研究发现,随着微裂纹的生长和聚集,岩石渗透率显著提高;渗透率的变化可能与微裂纹的密度和开口有关;基于各种试验证据,提出了一种考虑了封闭微裂纹中的单边效应和摩擦滑动微观力学的损伤模型来描述各向异性损伤[22]。Jiang 等还考虑了由裂纹表面粗糙度引起的摩擦滑动导致微裂纹的正常张开;指出裂隙介质的整体渗透率是通过微裂纹局部渗透率的体积平均来估计的,并可采用扩展的立方定律来描述[23]。Oda 等研究了岩石三轴试验中的损伤增长情况,指出岩石在应力场中可以看作各向同性的多孔介质,可用微观结构参数推导出渗透率变化与损伤增长的关系;在相同压下,试样在不断增加的应力作用下的渗透率比完整花岗岩的渗透率大 2～3 个数量级[24]。Chen 等基于已有的微力学模型,考虑了微裂纹的摩擦滑动和膨胀行为以及微裂纹闭合时退化刚度的恢复,提出了考虑各向异性损伤增长、连通性、摩擦滑动、剪胀、正常刚度恢复以及在材料参数较少的情况下由拉应力引起的微裂纹张开等因素对渗透率变化的经验上界估计模型[25]。Liu等采用两步均匀化方法模拟了岩石各向异性损伤和裂隙非线性变形引起的渗透率变化过程,通过对北山花岗岩抗压试验数据、花岗岩裂隙剪切流耦合水力导度试验数据和马丁斯堡板岩各向异性强度试验数据的验证发现,模型预测结果与试验结果吻合较好[26]。Vu等提出了一种裂纹扩展引起渗透率变化的分析模型,推导出了考虑各向异性裂隙分布的多孔介质有效渗透率的理论解[27]。Nguyen等以线性裂隙力学理论为基础,推导出了考虑各向异性裂隙分布的脆性破裂岩石应力与渗透率关系的近似模型,使流体流过有裂纹的多孔介质的所有阶段可以再现,该模型可以很容易地应用于描述裂隙性地层的流体力学公式中[28]。

1.2.2　裂隙岩体渗透特性的研究现状

（1）裂隙岩体流动方程的研究现状

裂隙岩体渗透性与裂隙岩体中流体流动的特征规律密切相关。因此,许多研究者开始关注裂隙流体流动控制方程,从而建立渗透率的解析公式。在单个裂隙中流体流动定量关系一般是由描述裂隙空间动量和质量守恒的 Navier-Stokes（NS）方程给出的[29-30]。考虑等密度、等黏度流体通过裂隙的稳定层流特征,可以将 NS 方程写成矢量形式:

$$\rho(\boldsymbol{u} \cdot \boldsymbol{V})\boldsymbol{u} = -\boldsymbol{P} + \mu \boldsymbol{V}^2 \boldsymbol{u} \qquad (1-1)$$

$$\boldsymbol{V} \cdot \boldsymbol{u} = 0 \qquad (1-2)$$

式中　ρ——流体密度;

　　　μ——流体黏度;

　　　$\boldsymbol{u}$——速度矢量;

　　　$\boldsymbol{P}$——动水压力。

加速度平流分量 $(\boldsymbol{u} \cdot \boldsymbol{V})\boldsymbol{u}$ 的存在,通常使方程组成为非线性的。如 Zimmerman 结合数值分析及室内试验研究了天然砂岩裂隙中的流体流动,指出在较大雷诺数下,压力梯度与流体流量之间表现出 Forchheimer 的二次非线性关系[31]。Javadi 等对于通过粗糙裂隙的非线性流体流动,采用有限体积法求解 NS 方程,得到了流量对压降的影响[32]。Liu 等通过对四种不同类型花岗岩和石灰岩的研究发现,当水力梯度从 10^{-7} 增加到 10^4 时,渗透系数的变化表现为三个阶段——线性变化、过渡变化和完全非线性变化;通过求解 NS 方程,量化了从线性向非线性流动的过渡,然而很难定量计算其渗透系数[33]。NS 方程具有非线性复杂性,因而很难求解。Stokes 方程是忽略了流体惯性的线性偏微分方程,相对于 NS 方程更容易求解,但 Stokes 方程具有流体流动雷诺数的标准条件,即雷诺数小于 10,NS 方程可以用 Stokes 方程代替[34]。然而这些标准还有待于对从天然岩石裂隙中获得的数据进行测试,这些岩石裂隙可能具有不同于拟合裂隙的粗糙度特征[35]。还有研究者在 NS 方程理论基础上,提出新的非线性有限元法描述裂隙岩体中流体流动复杂状态[36],但这是否具有普遍适用性有待进一步研究。

在某些情况下,流体流速分流项很小,可以被忽略。如在平行板间定常流动的情况下,平流项相同,从而可以得到精确解。因此可对 NS 方程做线性化处理[37],在光滑平板模型中忽略流体流动的惯性从而提出了立方定律（CL）[30],即流经裂隙面的总流量和裂隙宽度的三次方成正比,该模型如图 1-2 所示。CL 简单易行被广泛应用于岩石裂隙流体流动的预

测,其方程形式如下:

$$Q = -\frac{wb_{\mathrm{h}}^{3}}{12\mu}P \tag{1-3}$$

式中　w——裂隙垂直于流体流动方向的宽度;

　　　b_{h}——裂隙水力孔径;

　　　Q——裂隙中流体总体积流量;

　　　P——水压。

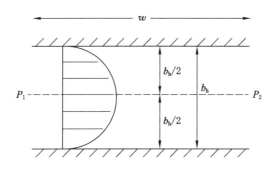

图 1-2　立方定律模型

　　b_{h} 为 CL 中拟合参数水力宽度,由实测流量和水力梯度计算得到。由于影响裂隙流体流动行为的表面粗糙度和孔径变化在光滑的平板中并没有被观察到,这导致测量的水力宽度不太成功,由 CL 预测的岩石裂隙渗透性是有误差的[34]。因此,后来研究者通过应用修正因子来改善 CL 中理论流量与观察到的流量之间的匹配关系。Iwai 用粘黏沙子的平行板来模拟小规模的粗糙度,并用有各种加工标记的平行板来模拟大规模的粗糙度,旨在重新定义立方定律中的孔径项,以说明表面粗糙度和由此产生的流体流动路径的弯曲度[38]。Brown 用一种更直接的有限差分法模拟裂隙流体流动,发现通过修正裂隙水力孔径的定义(即用裂隙孔径算数平均值代替复杂的平均值)能更好描述通过裂隙的流体流量[39]。Renshaw 对天然裂隙孔隙分布的研究表明,只要使用合适的平均裂隙孔隙,用立方定律就可以准确地预测粗糙壁裂隙中的流体流量[40]。许光祥等在裂隙渗流遵循的立方定律的基础上,发现裂隙流量与裂隙孔径之间符合两种不同的幂指数关系,粗糙裂隙匹配度高的遵循次立方定律,而粗糙裂隙匹配度低的符合超立方定律[41]。Wang 等基于立方定律(CL)的基本假设,指出可同时考虑流动弯曲度、孔径变化和局部粗糙度效应对裂隙孔径场进行立方定律修正,将修正立方定律的模拟结果与求解 Navier-Stokes 方程的数值模拟结果以及基于 CL 的早期模型的结果进行了比较,发现修正立方定律在预测裂隙的体积流量方面表现良好[42]。周创兵等、陈益峰等从渗流与变形耦合的角度提出了一种广义立方定律,能较好地反映一般裂隙的渗流特性[43-44]。Nowamooz 等通过试验描述天然粗糙裂隙中单相流动和多相流动,并引入了一种广义立方模型来描述粗糙裂隙渗透率[45]。

　　另一种方法是通过假设在每个明确的位置都有一个特定的 CL 值,来解释裂隙孔隙的空间变异性,局部裂隙孔隙的流体流量与局部孔隙直径的立方成正比,这就是所谓的局部立方定律(Stokes 方程),是基于 NS 并运用润滑理论推导出来的。Stokes 方程是将三维渗流场近似为二维渗流场的偏微分方程,相对 NS 方程更容易求解[29]。Brown 等及 Zimmerman

等用数值模拟证明了复杂的二维流场中总流量是局部孔径分布和表面接触量的平均值和标准差的函数[37,39]。Novakowski 等及 Brown 等发现试验研究及现场观察结果与模型模拟结果一致[46-47],然而在定量上,由局部立方定律(LCL)预测的总流速比通过已经绘制裂隙几何形状的实验室流动试验观测到的流速高 1.5 倍以上[48-49]。在使用 Stokes 方程和 LCL 对随机产生的粗糙壁裂隙进行流动模拟时,也观察到了这种差异[50-51]。而这些差异是试验、数值造成的还是概念错误造成的尚未可知。另外,Inoue 等提出了一种可估算粗糙岩石裂隙界面与渗透率关系的四阶近似方法。通过分析,利用均值、标准差和空间相关性给出了单节理有效渗透率的四阶精确逼近,相比经典的二阶逼近能更准确地阐明高阶项的影响[52]。Zhao 等通过试验研究提出了一种基于高阶多项式拟合的数据分析方法并可用来研究流速与水力梯度的关系[53]。而这些高阶的拟合方法是否具有普遍实用性有待进一步研究,因此本书中依据基本的立方定律来计算裂隙岩体的渗透率。

（2）岩体裂隙粗糙面对渗透率演化影响的研究现状

自然界中存在影响岩体特征的不规则裂隙面,许多研究者用裂隙面粗糙度、分形维数、曲折度、裂隙孔径分布及裂隙开度等描述裂隙面形貌特征。Belem 等研究了不同节理形态的裂隙面,使用激光传感器轮廓仪对试验前后裂隙表面数据进行测量,通过三维平均角度和粗糙系数 Z_2 来量化表面粗糙度,可用表面各向异性指数 ka 和表面相对粗糙度系数 Rs 分别量化表面各向异性和次级粗糙度,表面弯曲度用表面弯曲系数 Ts 来量化。与传统线性参数方法的比较表明,线性参数低估了节理表面的形态特征[54]。Watanabe 等模拟不同类型裂隙时用粗糙系数 Z_2 及曲折度评估裂隙面粗糙度,利用与试验评价裂隙渗透率匹配的数据建立的数值模型揭示了优先发展的流动路径,为不均匀孔径分布的地壳岩石裂隙提供多样化的流动通道[55]。Develi 等采用三种计算自然裂隙面分形维数的方法,即变异函数分析法(VA)、功率谱密度法(PSD)和粗糙长度法(RMS)计算裂隙表面数据。用 VA 和 RMS 可得到一致的分形维数,而用 PSD 所得值小于其他两种方法。在分形维数计算中使用斜坡图的数学分析困难,PSD 和 RMS 仍存在不足,因此 VA 比其他两种方法更为方便[56-57]。Wang 等用分形几何方法模拟了粗糙裂隙。在分形裂隙模型中,岩石表面的分形维数 D 在 $2\sim3$ 之间,较光滑表面的分形维数 D 较低,较粗糙表面的分形维数 D 较高。用变差函数的解析方程(VA)推导出描述空间相关性的孔径分形[58]。Renard 等采用分形维数的方式描述各种天然材料和人造材料中裂隙和孔隙。从断层带的毫米级微裂隙到记录了大陆分裂的数千千米海岸线,它们显示出一种统计幂律关系,与几乎恒定的分形指数有关[59]。Pande 等用多种方法测量了分形维数,得到了合理的一致值,表明分形维数是表征表面粗糙度的一种近似的合理的可靠的方法[60]。Xie 等提出了一种可直接估计裂隙分形维数 D 的投影覆盖方法,考虑岩石裂隙表面结构分形的非均质性和各向异性,研究了岩石裂隙表面的多重分形特性[61]。

过去几十年,天然粗糙裂隙对裂隙岩体渗透率的影响引起了研究者的关注[62]。在裂隙粗糙度对渗透率的影响方面,Ghanbarian 等从理论上探讨了表面粗糙度对流体流动的影响,特别是对具有粗糙孔隙的多孔介质中相对渗透率的影响,他们指出,表面粗糙度可以显著提高裂隙的相对渗透率[63]。Jie 等提出了一种基于自由能晶格玻尔兹曼模型的改进方法来分析粗糙裂隙中的两相流体流动,并进一步估算了相对渗透率曲线。该研究结果表明,粗糙度对粗糙裂隙流体流动规律和相对渗透率曲线均有影响。粗糙表面增加的流阻导致出现不稳定流动状态[64]。在裂隙接触面对渗透率影响方面,Babadagli 等通过室内间接拉伸试验,对 7 块岩性不同的岩块进行了人工拼接,制造出 7 条完全匹配、紧密闭合的粗糙裂隙模型;用分形维数及总裂隙表面积与平面表面积的比值对模型裂隙的粗糙表面进行数字化处理;试验中还测量了流量与裂隙表面粗糙度的关系[65]。张奇通过圆形、矩形两类裂隙接触面积分布的室内试验研究了裂隙的渗透性,得出了裂隙接触面积与裂隙渗透率表达式。该研究结果表明,当接触面积达到裂隙总面积的 30% 时,裂隙渗透系数减小为原来的 50%[66]。Zimmerman 等利用两个被孤立的凸起撑开的平行板组成理想化裂隙进而用来描述圆形、椭圆形和不规则粗糙形状裂隙,研究接触面积引起的弯曲度对岩石裂隙渗透率的影响。该研究结果表明,渗透率不仅取决于接触面积,而且取决于凸起的形状[67]。从概念上讲,每个表面都由线弹性矩形凸起部分构成,这些凸起部分位于线弹性半空间上;在闭合过程中,接触到的凸起发生变形并冲入半空间,在网格上所有凸起之间产生机械相互作用;一旦确定了一个应力水平上的孔径分布,就可以在裂隙上施加一个水力梯度,从而确定流体的流动并建立关于裂隙渗透率与表面几何形状的函数模型[68]。Murata 等发现流体在裂隙中的弯曲流动主要是由裂隙表面的几何形状和接触条件引起的;讨论了流体流动与分形参数和接触面积比的关系,从而有助于估算裂隙渗透率[69]。粗糙裂隙面形貌特征如图 1-3 所示。

图 1-3　粗糙裂隙面形貌特征[62]

在裂隙曲折度对渗透率影响方面,Chen 等提出了一种基于通道弯曲度并成功描述了三种代表不同的表面几何形状和非均匀性的裂隙面(即均匀粗糙裂隙面、随机粗糙裂隙面和光滑裂隙面)渗透率行为的新方法。此外,发现了当裂隙表面的不均匀性增加时,裂隙通道弯曲度的数量级增大[70]。Tsang 计算研究了路径曲折度和连通性对流经单个粗糙裂隙的流体流量的影响;使用了由测量和假想解析函数导出的裂隙孔径来研究曲折度对裂隙粗糙度的依赖关系。该研究结果表明,孔径分布中孔径越小,弯曲度的影响越大,即路径弯曲度降低了流量的预测价值[62]。Ge 在考虑了曲折度和真实开度的裂隙粗糙度坐标模型中,推导出规则裂隙形状粗糙裂隙的渗流控制方程及流量公式[71]。杨米加等研究了裂隙的细观结构和曲折度对流体渗流过程的影响,得到了不规则裂隙的渗流规律;并采用有限元法分析出裂隙突出坡度对渗流过程的影响[72]。

在裂隙孔径分布及裂隙开度对裂隙渗透率影响方面,Pruess 等将真实岩石粗糙裂隙定义为基于孔隙孔径与裂隙面坐标位置的关系函数的二维非均质多孔介质;根据局部毛细管压力和可及性标准,裂隙的部分可分为润湿阶段和非润湿阶段;通过假设裂隙面上将适当小区域近似为平行板,可以推导出相应阶段的渗透率[73]。Schmittbuhl 等采用高分辨率剖面仪对花岗岩岩块的裂隙形态进行采样,仿制了精确裂隙形态几何模型。改变裂隙平均孔径的测量结果显示,裂隙形态的长波控制了裂隙的渗透率[74]。Shapiro 等利用两种估算孔径分布的方法研究裂隙中流体和溶质运动;裂隙孔径的空间非均质性被定义为一系列非互连的恒定孔径流动路径或通道;两种方法估计的孔径方差的差异表明,为了更准确地描述流体和溶质在现场情况下的运动,孔径非均匀性的概念模型需要另择一种[75]。Nemoto 等利用裂隙表面几何数据生成了具有接触面积的孔径分布,并通过双向流动模拟评估了各向异性流动特征。当孔径呈各向异性分布时,可以观察到垂直方向具有较高渗透率的各向异性流动[76]。Ishibashi 等研究了不同尺寸花岗岩裂隙的孔径分布和流体流动特性,推导了裂隙平均孔径和渗透率随裂隙规模的变化规律,预测了从实验室尺度到现场尺度的天然裂隙的非均质孔径分布的流体流动[77]。盛金昌等基于格子 Boltzmann,研究了不同裂隙类型(平行光滑裂隙、矩形非吻合裂隙、随机裂隙宽度裂隙)中岩石裂隙宽度与流量之间的关系。该研究结果表明,流量与平均裂隙宽度在平行光滑裂隙中近似呈现立方关系,而在矩形非吻合裂隙和随机裂隙宽度裂隙中呈现超立方关系[78]。

1.2.3 应力作用下裂隙岩体渗透率演化的研究现状

(1) 裂隙岩体在正应力作用下的渗透率演化的研究现状

自 20 世纪 70 年代以来,人们对正应力作用下裂隙岩体的渗透率演化进行了广泛的研究。Iwai 首次在恒定正应力下片麻岩节理上进行了裂隙渗流试验。其结果表明,岩石裂隙的渗透率随着正应力的增加而下降,裂隙渗透率不仅与裂隙开度及应力有关,还与应力历史过程有关。当裂隙开度超过 0.2 mm 时,流量受立方定律控制[38]。还有学者研究了正应力条件下尺寸效应对自然裂隙岩体流体流动的影响,且推导出一系列的岩石裂隙的渗透率与应力之间关系的经验公式,表明自然裂隙流体流动符合修正的立方定律[62,79-81]。Durham 等研究了正应力条件下裂隙运移对裂隙岩体渗透率的影响,指出考虑裂隙运移的岩石在相同的应力作用下,渗透率数量级比正常裂隙岩体的高[82]。Lee 等在粗糙岩石裂隙中进行了线性流动的实验室水力试验,指出粗糙岩石裂隙的渗透率随正应力呈指数衰减[83]。Min 等研究应力差(即水平应力和垂直应力之差)对裂隙岩体渗透率的影响。该试验结果表明,当应力比不足以引起裂隙的剪切膨胀时,裂隙岩体的渗透率随应力比的增大而减小;当应力比足够大时,裂隙岩体的渗透率随应力比例的增大而增大。他们还提出了一套既考虑裂隙正常闭合又考虑裂隙剪切膨胀的封闭经验方程来模拟应力相关的渗透率[84]。李相臣等系统研究了有效应力改变条件下关于煤岩裂隙宽度和渗透率变化规律的室内试验。该试验结果表明,煤岩裂隙宽度和渗透率都随有效应力的增大而减小;当有效应力达到一定值后,裂隙宽度变化相对缓慢,且渗透率变化较弱[85]。

接下来的研究中进一步考虑了三轴应力条件下岩石裂隙的渗透率演化特征。Zhou 等通过试验研究了 1.0～30.0 MPa 压强范围下花岗岩裂隙渗流特征,指出在压力加载初期处于非线性弱化阶段(Ⅰ),之后随着压力的进一步增大,渗流特征曲线会出现非线性增强阶段(Ⅱ);首次在实验室观测的基础上,建立了变压条件下岩石裂隙非线性渗透系数与水力孔径的经验关系[86]。Zhang 等为了试验研究岩石裂隙变形中渗透率变化状态,在压应力从 1.0 MPa 到 4.5 MPa 的变化条件下,分别对掺合和未掺合的砂岩裂隙进行了三轴试验。该试验数据表明,当真实渗透率较小时,在较低的体积流量下会出现明显的非线性效应。该试验结果表明,压应力不会改变裂隙的线性和非线性流动形态,但对流动特性有显著影响;随着岩压增大,压力梯度的斜率与流量变得陡峭,渗透率减小[87]。Gensterblum 等在同一仪器 4.5 MPa 有效压应力条件下,观察到富含黏土斯维尔页岩样品中锯齿状裂隙的渗透率在缓慢滑动后显著下降,而富钙伊格尔页岩样品中锯齿状裂隙的渗透率略有上升[88]。Wu 等研究了矿物学、表面粗糙度和压应力对伊格尔页岩裂隙滑动渗透率演化的影响。其结果表明,有效应力在 2.5 MPa→17.5 MPa→2.5 MPa 的循环作用下,锯切裂隙的渗透性完全恢复,在一定的有效应力作用下,由于滑动引起的粗糙损伤和扩张,渗透性随着滑动的增加而增加。然而,自然断层的渗透性只有在循环有效应力恢复到 2.5 MPa 后才部分恢复,并随着滑动而降低,这是由于产生的断层泥堵塞了流体通道[89]。Singh 等利用了三轴试验测量砂岩的渗透性,渗透率随应力的变化而变化,提出了利用渗透率法研究岩石裂隙机理是可行的[90]。Reece 用传统的三轴仪测量了海恩斯维尔页岩样品在慢滑前后的裂隙渗透率;指出当有效应力为 14.0 MPa 时,随着几毫米的滑动,锯切裂隙和天然裂隙的渗透率降低了几个数量级[91]。Chen 等及 Liu 等研究了考虑剪切位移的正应力对裂隙力学和水力性能的影响,且开发了渗流与三轴应力的耦合模型[92-93]。Zhang 等研究了三轴应力条件下锯切砂岩裂隙的剪切诱导渗透率演化,他们发现,在应力增长阶段,剪切位移略有增加而渗透率急剧下降[94]。Zhang 等试验研究了三轴流动测试下压力从 0.5 MPa 到 4.0 MPa 粗糙裂隙岩体的微观和宏观行为。该流动试验表明,微观惯性力随流速的增大而增大,并对孔洞附近的局部流型有显著影响;宏观流动试验结果表明,随着压力的增大渗透率相关系数减小[95]。

考虑到岩石裂隙的变形特性,岩石裂隙的渗透性问题已经引起了人们的广泛关注。Li 等进行了一系列剪切流耦合试验。结果表明,在剪切变形初期,渗透率增长较快,随后渗透率继续以较低的速率增长,直至达到极限[96-99]。Olsson 等、Shi 等和 Zhao 等在考虑渗透压的条件下,进行了岩石裂隙的剪切流耦合试验,研究了节理膨胀对节理宽度的影响,并且建立了经验公式[100-102]。Lee 等指出,在单调剪切荷载作用下,当剪切应力达到峰值时,应力膨胀对水力特性有显著的影响;随着裂隙的进一步扩大,粗裂隙的渗透性增大,这种现象的主要原因是岩石裂隙平均孔径的增大;在循环剪切加载过程中,渗透率的变化呈现出一些不规则的变化,特别是在第一次剪切加载循环之后,这是由于粗糙降解产生的泥料物质复杂的相互作用[83]。Yasuhara 通过测量得到的裂隙表面剖面定义了裂隙接触面积比与裂隙孔径之间的简单关系,此关系代表了在压实过程中裂隙表面几何形状的不可逆变化;在溶液压力条件下,裂隙孔径减小,裂隙闭合,且在考虑溶解度的条件下,裂隙的闭合率随着应力的增加呈线性增长,裂隙的封闭性导致渗透率降低;结合如接触面积、孔径、溶解性、界面扩散和裂隙自由面沉淀等一系列的变形过程提出了力学与渗透率关系模型[103]。Li 等提出了一种采用岩石裂隙平均孔径的概念,考虑了机械载荷条件的孔隙变形的相对渗透系数模型方法;该模型证实了理论研究成果与试验数据相吻合[104]。

（2）裂隙岩体在扰动应力作用下渗透率演化的研究现状

有研究表明，即使在应力水平明显低于岩石强度的情况下，扰动应力也会导致岩石出现严重的疲劳损伤或破坏[105-107]，并改变岩石裂隙的渗透率。裂隙岩体在扰动应力作用下的渗透性已有现场报道，并在室内试验中得到了验证。Brodsky 提出了一种计算现场远场地震井水位变化的新模型。观测结果表明，远场地震甚至可以通过去除裂隙中低渗透性的堵塞物质（如胶体絮凝剂和风化产物）来提高断层的渗透性[108]。Elkhoury 等[109]与 Brodsky[108]有相似的结论，表明渗透率增量与地震波峰值地面速度幅值呈线性关系。Faoro 等的研究表明，在实验室尺度和流体压力作用下，裂隙孔内膨胀可引起岩体有效渗透率瞬态增加[110]。Shmonov 等在高压和高温条件下对压裂岩心施加振荡应力，发现渗透率更有可能增加[111]。Manga 等指出，裂隙岩体中的瞬态流体压力通常会增加渗透率，并归因于实验室试验中细颗粒的流动[2]。Candela 等通过室内试验研究了地震波增加自然系统渗透性的机理。在压力条件下，对完整的砂岩试样进行了模拟扰动应力下的孔隙压力振荡试验。结果发现扰动应力对试样的渗透率不会产生永久变形。水化学作用对扰动应力的敏感性有显著影响，渗透率增强的幅度和渗透率的恢复率随孔隙流体离子强度的变化而变化。渗透率恢复率通常与渗透率增强敏感性相关。结果表明，地壳许多地区的流体渗透率，特别是孔隙流体有利于颗粒动员区域的渗透率，对扰动应力的敏感性较强[112-113]。

此外，一些研究发现地震会降低渗透率。如 Shi 等发现，地震引起的裂隙带渗透性降低，减少了深部热水补给[114-115]。考虑到远处地震的方位分布，观察到的渗透率下降可能是由于地震波引起的裂隙堵塞，而裂隙构成了浅层地壳中的流动路径[116]。Xue 等[117]和 Liao 等[118]研究了汶川地震，大地震后，由于地震使一个断层带裂隙愈合，渗透率降低。Rutter 等研究新西兰地震后，由于细泥沙的侵入，裂隙岩体的渗透性降低，导致地下裂隙岩体渗透性整体降低和井内损失量的增加[119]。Connolly 等提出了一个在考虑了非线性黏性基质流变学和分解影响的一维渗透率解析公式，它将孔隙度与流变学和渗透率的关系融合在单一的流体力学势中并作为材料特性和波速的函数。将扰动应力转化为孔隙波的形式研究裂隙岩体渗透率的普遍规律[120]。Geballe 等发现在同震渗透率增大后，地震后的岩体渗透率常数模型与 2008 年汶川地震时刘家井的水位资料不吻合，为了拟合观测数据，提出了一种地震后裂隙岩体渗透率随时间呈指数递减的新模型[121]。Liu 等对裂隙砂岩岩心进行了类似的试验，试验结果表明，在扰动应力的影响下，裂隙砂岩的渗透率可能会降低。由于施加了一个小轴向载荷，泥料物质及颗粒在有限的时间及较短距离被重新移动，裂隙孔径会随之而改变[122]。朱立等通过室内试验研究振动和泥沙颗粒对裂隙砂岩渗透率的影响。结果表明，充填后裂隙砂岩的相对渗透率比充填前降低；在相同振幅下，相对渗透率随频率的增大而减小，频率越高，减小得越明显；在相同频率下，填充泥沙颗粒试样的渗透率减小。对于未填充裂隙砂岩，相对渗透率与振幅之间存在拐点，相对渗透率并不随着振幅的增大而一直减小[123]。在扰动应力作用下影响裂隙岩体渗透率的关键因素仍不清楚，如瞬变的性质和时间尺度、裂隙滑动、孔隙压力波动、物质运移颗粒动员、裂隙形貌和孔径变化等[124]。

综合上述文献，许多研究者在裂隙岩体渗透率演化方面取得了一系列成果。深井开采时，持续机械钻凿、重型设备震动、天然地震等动力现象均以扰动载荷的形式作用于岩体，从而造成岩体的失稳等扰动型动力灾害（扰动载荷和渗透水压力共同引发的动力现象）[125]。以往的研究大多基于静态应力作用下岩体渗透特性，而扰动应力作用下岩体应力应变与渗透率的关系少有涉及。不同应力路径下岩体应力应变特征及渗透演化规律缺乏足够的研究。实际工程中,裂隙普遍存在于岩体中,裂隙是流体流动的主要通道。众多学者分析研究了静态应力作用下裂隙岩体的渗透率的变化,而针对深部工程中的开挖爆破、地震及重型设备震动等复杂扰动应力条件下的岩石渗透演化规律了解甚少,还需要进一步研究。

因此,本书在静态应力研究的基础上,针对扰动应力作用下,裂隙岩石渗透率演化的特征进行研究。以完整岩石及预制裂隙红砂岩材料为研究对象,采用了室内试验和理论分析相结合的综合研究方法,开展了静态应力和扰动应力下岩石破裂渗透率演化研究。结合声发射监测技术分析了不同应力路径下岩石变形破坏机制、声发射特征与渗透特性之间的关系;利用三维激光扫描技术研究了裂隙面粗糙度对裂隙岩体渗透率的影响;对比分析了静态应力和动态扰动应力作用下粗糙裂隙岩体渗透率变化特征;通过扰动应力作用下裂隙岩体渗透率试验数据及理论分析,建立了扰动应力作用下裂隙岩体渗透率演化模型。结合扰动应力下岩体失稳准则和裂隙岩体渗透率演化模型,分析扰动应力作用下的裂隙岩体稳定性。揭示扰动应力-渗流耦合作用下的裂隙岩体渗透演化规律以及扰动诱发含导水构造岩体失稳突水的微宏观机制,为深部工程的安全问题提供一定的工程应用价值。

1.3 本书主要研究内容

1.3.1 研究内容

以完整岩石及预制裂隙红砂岩材料为研究对象,采用室内试验和理论分析相结合的研究方法,拟开展以下研究。首先,开展静态应力和扰动应力下完整岩石渗透特性的研究,结合声发射监测技术分析静态应力和扰动应力下岩石变形破坏机制、声发射特征与渗透特性之间的关系;其次,利用三维激光扫描技术研究裂隙面粗糙度对裂隙岩体渗透率的影响,对比分析静态应力和动态扰动应力作用下粗糙裂隙岩体渗透率变化特征;最后,通过扰动应力作用下裂隙岩体渗透率试验数据及理论分析,建立了扰动应力作用下裂隙岩体渗透率演化模型。基于裂隙岩体失稳准则,开展扰动应力作用下裂隙岩体渗透率演化稳定性分析。全书拟研究的主要内容具体包括以下几个方面:

(1)静态应力和扰动应力下岩石应力应变渗透率演化规律研究

在 MTS815 岩石力学试验机上进行静态应力和扰动应力下完整岩石渗流试验,结合声发射动态监测岩石的应力应变演化过程,研究了静态应力和扰动应力下岩石变形形态及岩石渗透率的演化规律。分析了静态应力和扰动应力下在不同阶段变形及渗透率的演化,以及静态应力和扰动应力下岩石声发射-应力应变-渗透率之间的关系。

(2)静态应力和扰动应力下粗糙裂隙岩体渗透率演化规律研究

首先通过三维激光扫描系统测量试验前后裂隙表面的形貌及粗糙度,研究应力作用下岩石裂隙表面形貌变化特征,分析裂隙表面粗糙度对岩石裂隙渗透率的影响。然后,在静态力学试验的基础上,开展扰动应力作用下裂隙岩体的渗流试验,揭示不同扰动循环幅值下裂隙岩体的渗透率的变化特征,对比分析静态应力和扰动应力下渗透率演化规律及机理。

（3）扰动应力下裂隙岩体渗透率演化模型

为了避免受粗糙度系数等因素影响，针对锯切裂隙岩体进行研究。通过对不同扰动应力条件下锯切裂隙岩体渗透率演化试验数据的分析，建立了扰动应力条件下裂隙岩体渗透率演化模型。

（4）扰动应力下裂隙岩体渗透率演化稳定性分析

结合扰动应力下裂隙岩体变形失稳准则和裂隙岩体渗透率演化模型探讨裂隙岩体稳定性特征。

1.3.2 技术路线和研究方法

（1）技术路线

图 1-4 所示为技术路线。

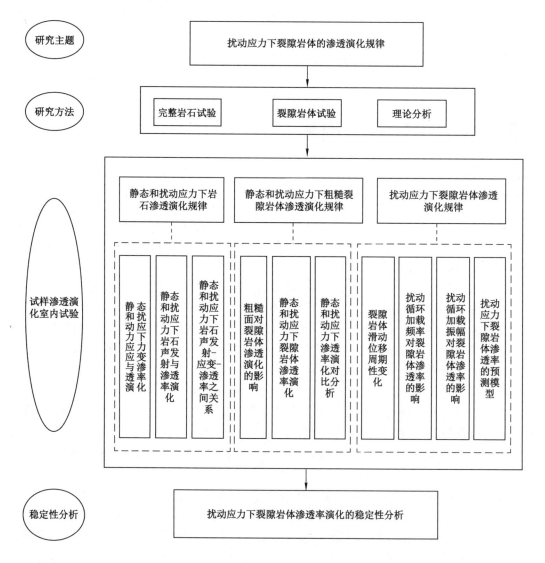

图 1-4　技术路线

　　本书将采用理论分析及室内力学试验结合的研究方法开展工作,重点考虑不同路径下岩石渗透率演化及扰动应力作用下裂隙岩体渗透率的变化特征,从现象到本质机理逐步揭示,对裂隙岩体扰动应力下的渗透特征进行全面分析,充分运用岩石力学、岩石动力学、渗流力学及三维激光扫描等技术展开研究。

　　(2)研究方法

　　① 选取岩石样品,以室内试验对岩样进行理化、物理参数及渗透特性测试。理化测试主要测试岩样的化学成分并进行分析,力学参数主要是岩样的杨氏模量、泊松比及单轴抗压强度等。

　　② 在 MTS815 岩石力学试验机上研究静态应力和扰动应力下完整岩石渗透率的演化规律,分析静态应力和扰动应力下岩石应力应变、声发射特征与渗透率演化之间的关系。

　　③ 在 MTS815 岩石力学试验机上研究静态应力和动态应力下粗糙裂隙岩体渗透率的演化规律,通过三维激光扫描技术描述岩石裂隙面的表面特征,将数字化后的数据以 xyz 文件格式导出,估计裂隙面粗糙度系数。分析裂隙面粗糙度对裂隙演化的影响规律及其机理(滑动变形、粗糙度退化、泥料物质的产生及流体流动和颗粒动员规律)。

　　④ 基于静态应力下渗透率演化模型,通过不同频率和不同幅值应力条件下的裂隙岩体渗透率的试验数据及理论分析,建立扰动应力条件下裂隙岩体渗透率演化模型。

　　⑤ 结合扰动应力作用下裂隙岩体变形失稳准则和裂隙岩体渗透率演化模型探讨裂隙岩体稳定性特征。

第 2 章 裂隙岩体渗流试验方案

地下工程岩体(即处于原岩应力状态下的完整岩体)渗透率较低,由于爆破等开采及远场地震等应力扰动影响,完整岩体出现微裂隙、裂隙起裂及扩展,在此过程中,岩体的力学及渗流特性具有一定规律。直至宏观贯通裂隙的出现,岩体的力学特性和渗流特性发生了巨大的变化。裂隙岩体的渗透演化包括岩石基体本身和内部裂隙两部分的渗透演化。因此,选取了完整岩石和含有裂隙面的岩体两种结构类型的岩石试样作为研究对象。本章主要介绍试样制备、试验设备简介、试验方案设计及试验数据处理。

2.1 试样制备

2.1.1 完整岩石

本书的标本材料完整岩石为来自中国云南昆明西北部的细粒砂岩。通过对标准圆柱形岩石试样[126-127]的一系列初步试验,确定了一些关键的力学参数。试样自然状态下呈砖红色,粒状碎屑结构,表面无可见纹理,平均密度为 2.35 g/cm³。通过取芯、切割、打磨等工序,将试样制成直径为 50 mm、长度为 100 mm 的圆柱形几何形状。为了尽量减少试件差异,所有试件均取自同一砂岩块体。对完整砂岩试样进行纵波波速测试,得到纵波波速的分布范围为 3.597～3.816 km/s。应力-应变曲线反映了岩样在不同的应力状态下的变形特征,变形参数如弹性模量和泊松比可通过对应力-应变曲线进行计算获得。计算得到砂岩试样单轴抗压强度为 85 MPa,杨氏模量为 10.3 GPa,泊松比为 0.3。其中,单轴试验时的弹性模量和泊松比的计算公式为:

$$E = \sigma_1 / \varepsilon_1 \tag{2-1}$$
$$\mu = -\varepsilon_3 / \varepsilon_1 \tag{2-2}$$

式中 σ_1——轴向应力;

      ε_1——轴向应变;

      ε_3——径向应变。

2.1.2 裂隙岩体

裂隙岩体材料同样为细粒砂岩。将试样制成直径为 50 mm、长度为 100 mm 的圆柱形几何形状的裂隙岩体试样,如图 2-1(a)所示。为了制作不同粗糙度的裂隙试样,切割试样,留下锯切裂隙面[图 2-1(c)],劈裂试样,制作不同粗糙度的裂隙试样[图 2-1(b)]。这是因为当应力达到峰值应力后所形成的岩石宏观裂隙并不垂直于试件轴向,而是与其呈一定夹角,约为 23°～45°[128]。因此,本书所有试样裂隙均与试件主轴夹角均为 30°,如图 2-1(a)所示。然后,在两半夹角处钻取直径为 3 mm 的钻孔,以促进流体沿试样裂隙流动,裂隙试样三维视图如图 2-2 所示。裂隙岩体试样为含单裂隙面的岩体。

 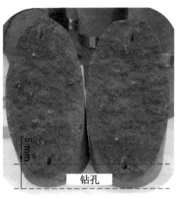 

（a）裂隙岩体试样　　　　（b）带有钻孔的粗糙裂隙面　　　　（c）带有钻孔的锯切裂隙面

图 2-1　岩石试样

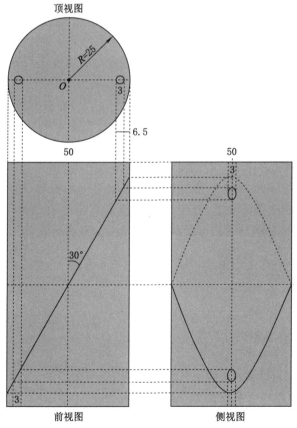

图 2-2　裂隙试样三维视图(单位:mm)

2.2 试验设备简介

所有渗流及力学试验都是在中南大学高等研究中心的伺服控制岩石力学测试系统MTS815上进行的,如图 2-3(a)所示。在渗流试验的基础上搭配了声发射装置,如图 2-3(c)所示。该系统由五个主要单元组成:三轴单元、加载单元、供水单元、变形和压力监测单元、数据采集单元。该系统的最大承载能力可达 4 600 kN。最大压和孔隙水压力为 140 MPa。用一对线性变位移传感器(LVDTs)测量试样的轴向变形。该系统配置了用于圆筒岩样渗透率测试的瞬态脉冲装置,采用压力脉冲衰减测试方法测量渗透率。

本书涉及的裂隙面扫描装置如图 2-4 所示,即用光学三维扫描仪(ATOSⅢ三重扫描)测试裂隙表面特征。ATOS Core 传感器在物体表面投射条纹图案,由两台摄像机记录下来。图案形成了基于正弦强度分布的相移,能够用于计算三维(3D)表面。摄影测量扫描器通过两次测试进行校准。用摄影测量扫描器测量球体的直径和形状以及安装在平板上的两个球体之间的距离,从而得出校准误差和精度。所有的用于校准的设备都是由制造扫描仪的 GOM 公司专门开发的。扫描范围为 $100\times75\ \mathrm{mm^2}$,整体扫描精度小于 0.01 mm,长度误差在 0.009~0.027 mm 之间。测量分辨率为 3 692×2 472 像素,优化校准偏差为 0.014±0.001像素。此外,拉伸裂隙的制备是精心准备的,裂隙匹配程度高,因此裂隙的关节匹配系数(JMC)接近 1.0。所以在测试前后,在扫描轮廓中只使用每个样品的一个岩石裂隙面。三维扫描后,将数字化数据导出为 xyz 文件格式,以估算裂隙粗糙度,岩石裂隙形貌数字化处理流程如图 2-5 所示。

裂隙面粗糙度系数(JRC)由 Barton 于 1973 年提出[129],是描述岩体结构面粗糙起伏程度的基本参数[130-131]。研究者通过统计参数的方法表征裂隙粗糙度,该方法采用经典统计学理论来表征裂隙表面的凸起特性。Tse 等[132]介绍了表征裂隙凸起特征的八个统计参数,包括裂隙面轮廓高度的均方根 RMS、轮廓高度的均值 CLA、RMS 的一阶导数 Z_2、RMS 的二阶导数 Z_3、轮廓最大最小高度差值与轮廓高度均值间的比值 Z_4、轮廓高度的均方值MSV、自相关函数 ACF 和结构函数 SF 等,并研究了它们与裂隙面粗糙度系数 JRC 之间的关系,发现其中与裂隙面粗糙特性表征最相关的系数 Z_2 可表示如下:

$$Z_2 = \left[\frac{1}{(n-1)(\Delta x)^2}\sum_{i=1}^{n-1}(Z_{i+1}-Z_i)\right]^{0.5} \tag{2-3}$$

$$\mathrm{JRC} = 61.79Z_2 - 3.47 \tag{2-4}$$

式中　Z_2——给定的二维剖面均方根斜率;

　　　n——沿着二维轮廓数据点的数量;

　　　Δx——数据点之间的间隔距离;

　　　Z_i——点 i 的粗糙面高度;

　　　JRC——裂隙面粗糙度系数。

统计方法中建立了一些数字化的表征参数,其既可以与 JRC 之间建立联系,又可采取新的参数弥补 JRC 表征粗糙特性时的不足,因此,统计方法是目前使用最为广泛和有效的方法,而本书主要采用此方法来表征裂隙面的粗糙特性。

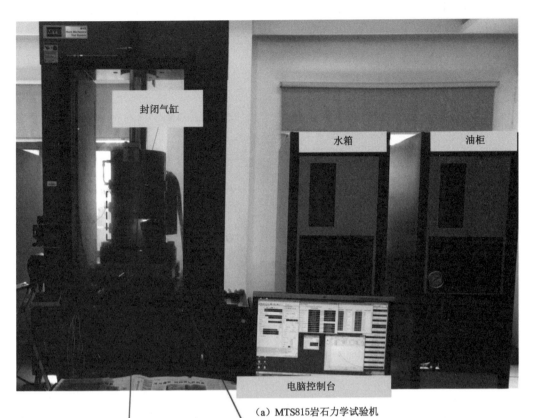

（a）MTS815岩石力学试验机

（b）三轴室内　　　　　　　　　　　　　　　（c）声发射监测示意图

图 2-3　MTS815 岩石力学试验机及声发射监测图

　　裂隙面粗糙度系数与以往许多研究成果一样,选取 0.5 mm 的采样点间隔来估计粗糙度[129,132-134]。Barton 等[132]在大量的 JRC 统计资料分析的基础上提出了一种表征裂隙粗糙度大小的经验参数,它提出可用 10 条标准的轮廓曲线来表征 JRC 为 0~20 的 10 条粗糙起伏结构面形态,如图 2-6 所示,他们通过对比实际岩石结构面粗糙度 JRC 值来确定表面轮廓曲线。

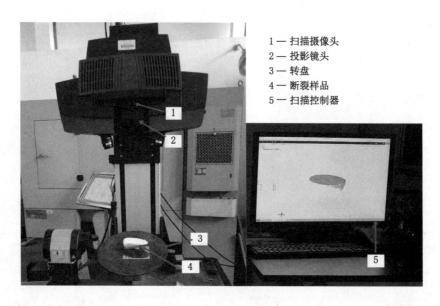

1 — 扫描摄像头
2 — 投影镜头
3 — 转盘
4 — 断裂样品
5 — 扫描控制器

图 2-4　三维形貌激光扫描系统

（a）岩石试样裂隙面　　　　（b）3D形貌扫描点云　　　　（c）点云数字化处理

图 2-5　岩石裂隙形貌数字化处理流程

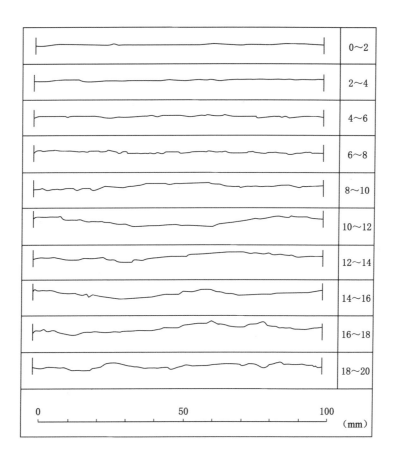

	0~2
	2~4
	4~6
	6~8
	8~10
	10~12
	12~14
	14~16
	16~18
	18~20

0　　　　　　　　　　50　　　　　　　　　　100
　　　　　　　　　　　　　　　　　　　　　　　　　　　　(mm)

图 2-6　10 个典型粗糙度系数 JRC 值范围的粗糙度剖面轮廓[132]

2.3　试验方案设计

2.3.1　试验方案设计思路

本书的研究工作旨在加深对复杂扰动应力环境下裂隙岩体渗透演化规律的理解,试验方案设计思路如图 2-7 所示。裂隙岩体的渗透演化包括岩石基体本身和内部裂隙两部分的渗透演化。因此,本书选取了完整岩石和含有裂隙面的岩体两种结构类型的岩石试样作为研究对象。在完整岩石渗流试验中进行了静态应力和扰动应力下的渗流试验,其中,静态应力为常规三轴应力加载,扰动应力加载有逐级循环振幅加载和不同循环振幅加载两种,试验目的为研究静态应力和扰动应力下岩石渗透演化规律。在裂隙岩体试验中,首先进行了扰动应力下不同裂隙粗糙面渗流试验,试验过程中循环振幅不变(单一循环振幅);其次,进行了常规三轴应力(静态应力)和逐级循环振幅(扰动应力)下粗糙裂隙岩体的渗流试验,试验目的为研究静态应力和扰动应力下粗糙裂隙岩体渗透演化规律；最后，进行了扰动应力下锯切光滑裂隙岩体渗流试验，分别考虑了扰动循环振幅及循环加载频率对裂隙渗透演化的影响，试验目的为建立扰动应力下光滑裂隙岩体渗透演化模型。

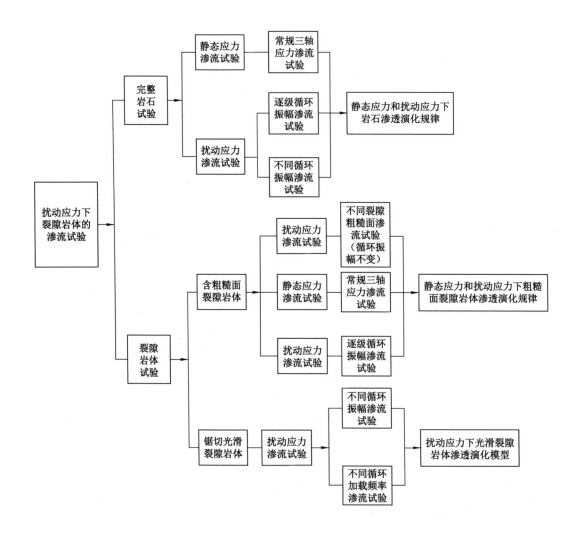

图 2-7　试验方案设计思路

2.3.2　静态和扰动应力下完整岩石渗透演化试验方案

针对完整岩石试样，进行了三组完整岩石力学渗透率试验。常规三轴应力（静态应力）下测试 1 组试样（Sa-1）；逐级循环振幅加载下测试 1 组试样（Sa-2），不同循环振幅加载 4 组试样（Sa-3、Sa-4、Sa-5、Sa-6），各组岩样应力测试参数如表 2-1 所示。以逐级循环振幅加载为例，具体试验步骤为：

表 2-1　静态和扰动应力下岩石的测试参数

试样名称	试验程序	σ_3/MPa	σ_s/MPa	σ_d/MPa	循环次数	频率/Hz
Sa-1	1	5	20	0	0	0
	2		35			
	3		50			
	4		65			
	5		80			
	6		95			
Sa-2	1	5	50	7.5	100	1
	2			15		
	3			22.5		
	4			30		
	5			37.5		
	6			45		
Sa-3		5	50	7.5	6×100	1
Sa-4				22.5		
Sa-5				37.5		
Sa-6				45		

（1）将试样周向密封在一个热收缩塑料薄膜中，以将试样与周流体分离。然后将岩样放置在充有液压油的三轴室内，如图 2-3（b）所示。

（2）压应力（σ_3）以 0.1 MPa/s 的恒定加载速率增大至 5 MPa，并在整个试验中保持恒定。对上游和下游水箱均施加初始水压，加载速率为 0.2 MPa/min。然后上游储层的水压突然增大，形成一个水压力差（即初始脉冲压力），从而使水从顶部向底部流过岩样，如图 2-3 所示。时间脉压（ΔP）随着时间的推移而降低，直到达到平衡，由水箱内的两个压力计自动监测和记录。由以上过程就可以得到砂岩试样的渗透率。

（3）5 min 后，试样和加载系统稳定。轴向恒定静应力（σ_s）以 0.1 MPa/s 的恒定加载速率增大 50 MPa，然后开始循环加载，同时进行声发射测试。设计了 6 个动应力幅值，分别为（7.5、15、22.5、30、37.5、45）MPa，加载频率为 1 Hz，加载循环为 100 个循环，如图 2-8（b）所示。连续的轴向正弦波通过刚性加载杆施加在试样的顶部。实际轴向应力为静应力与循环应力的叠加：

$$\sigma_{sd} = \sigma_s + \sigma_d \sin(2\pi f t) \tag{2-5}$$

式中　σ_{sd}——叠加轴向应力；

σ_s——轴向恒定静应力；

σ_d——循环应力幅值；

f——频率；

t——时间。

每组循环应力幅值加载后重复步骤（2），测试岩石渗透率。

在常规三轴应力试验测试中，压应力（σ_3）保持在 5 MPa，轴向应力同样以 0.1 MPa/s 的加载速率加载至 10 MPa，以 10 MPa 的步长逐渐加载至破坏应力（100 MPa），如图 2-8（a）所示。应力加载过程中同时进行声发射监测。各轴向应力加载后测量岩石过程中的渗透率。

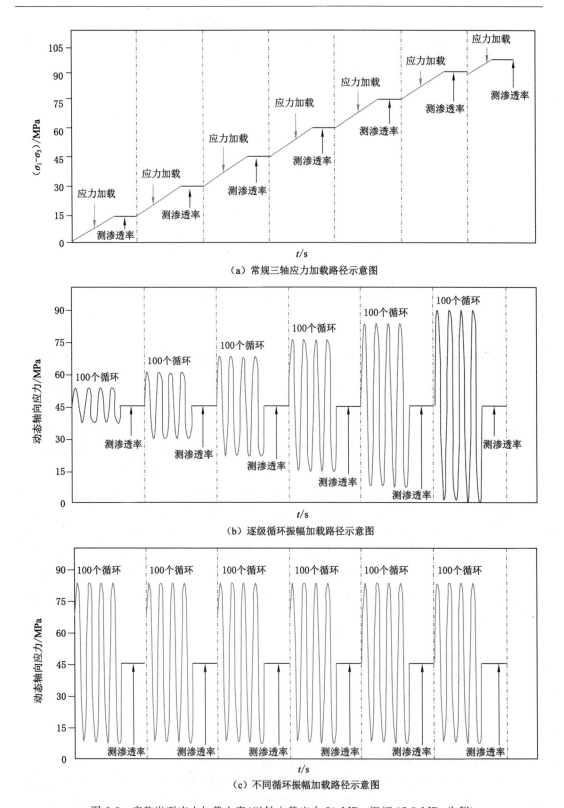

（a）常规三轴应力加载路径示意图

（b）逐级循环振幅加载路径示意图

（c）不同循环振幅加载路径示意图

图 2-8　完整岩石应力加载方案（以轴向静应力 50 MPa、振幅 37.5 MPa 为例）

在不同循环振幅加载测试试验中,压应力保持在 5 MPa,恒定静应力为 50 MPa,估计循环加载应力幅值设计了 4 组幅值,分别为(7.5、22.5、37.5、45)MPa,每组不同循环振幅加载应力幅值设计 6 次循环加载,每次循环加载周期为 100 个循环,如图 2-8(c)。每次循环加载过程中,同时进行声发射监测。每次循环加载周期后测试岩石渗透率。

2.3.3 静态和扰动应力下粗糙裂隙岩体渗透演化试验方案

(1)粗糙面对裂隙岩体渗透演化影响的试验方案

为了研究粗糙面对裂隙岩体渗透演化的影响,设计了四组不同裂隙面粗糙度(不同粗糙度系数 JRC 值)的裂隙岩体试样。为了计算岩石粗糙度,选取 0.5 mm 的采样点间隔(Δx)来估计粗糙度[129,132-134]。用式(2-4)计算各剖面的粗糙度系数 JRC 值,并用来表征岩石裂隙表面的粗糙度,如表 2-2 所示。根据粗糙度系数 JRC 值,试样 DF-1 的锯切裂隙可定义为"光滑裂隙",试样 DF-2 和试样 DF-3 的劈裂裂隙为"粗糙裂隙",试样 DF-4 的劈裂裂隙为"非常粗糙裂隙"。

表 2-2　裂隙粗糙度参数和应力测试参数

试样名称	粗糙度系数 JRC 值	频率/Hz	循环次数	σ_3/MPa	σ_s/MPa	σ_d/MPa
DF-1	1.10	0.25,0.5,0.75,1, 1.25,1.5,1.75	7×100	5	10	2.5
DF-2	9.32	0.25,0.5,0.75,1, 1.25,1.5,1.75	7×100	5	10	2.5
DF-3	11.27	0.25,0.5,0.75,1, 1.25,1.5,1.75	7×100	5	10	2.5
DF-4	17.14	0.25,0.5,0.75,1, 1.25,1.5,1.75	7×100	5	10	2.5

前人研究成果表明,循环荷载幅值和波型对裂隙岩体的渗透性有很大的控制作用[122,135-136]。为了研究裂隙面粗糙度对裂隙岩体渗透演化规律的影响,保持波形和幅值不变,相关参数如表 2-2 所示。依据不同裂隙面粗糙度设计了四组渗流试验,压应力(σ_3)和轴向静应力(σ_s)以 0.1 MPa/s 的恒定加载速率依次增大至设计水平。在所有试验中分别设置为 5 MPa 和 10 MPa,循环振幅为 2.5 MPa 并在整个试验中保持恒定。共加载 700 次循环,每 100 次循环测试后测量裂隙岩体渗透率。扰动应力加载路径示意图如图 2-9 所示。

(2)静态和扰动应力下含粗糙裂隙面岩体的渗透演化试验方案

为了对比研究静态应力和扰动应力下,裂隙岩体的渗透演化规律,设计了静态应力和扰动应力两组渗流试验;为了消除裂隙面的影响,选取的静态和扰动应力下的岩石裂隙剖面类型一致。利用式(2-4)计算各岩石裂隙剖面的 JRC 值并用来表征岩石裂隙表面的粗糙度,通过 JRC 值确定裂隙表面轮廓曲线范围,相关参数如表 2-3 所示。试样 Ss-1 和 Sd-1 的 JRC 均值属于粗糙度剖面类型 4,试样 Ss-2 和 Sd-2 的 JRC 均值属于粗糙度剖面类型 5,试样 Ss-3 和 Sd-3 的粗糙度系数 JRC 均值属于粗糙度剖面类型 10。对测试后的损伤表面重

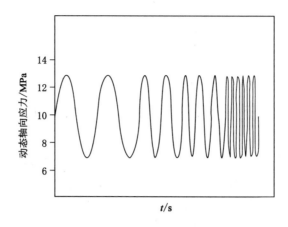

图 2-9　粗糙面对裂隙岩体渗透演化影响的应力加载路径示意图

复相同的过程,分析试验过程中发生的表面变化,并将其与试验过程中渗透性的变化进行比较。

表 2-3　静态和扰动应力下裂隙岩体的测试参数

试样	粗糙度系数 JRC 值	粗糙度 剖面类型	试验程序	σ_3/MPa	σ_s/MPa	σ_d/ MPa	循环次数	频率/Hz
Sd-1	6.26	4	1	5	10	0.25	100	1
			2			1.25		
			3			2.5		
			4			4.75		
			5			5		
Sd-2	9.256	5	1	5	10	0.25	100	1
			2			1.25		
			3			2.5		
			4			4.75		
			5			5		
Sd-3	19.35	10	1	5	10	0.25	100	1
			2			1.25		
			3			2.5		
			4			4.75		
			5			5		
Ss-1	7.025	4	1	5	5	0	100	0
			2		7.5			
			3		10			
			4		12.5			
			5		15			

表2-3(续)

试样	粗糙度系数 JRC 值	粗糙度 剖面类型	试验程序	σ_3/MPa	σ_s/MPa	σ_d/MPa	循环次数	频率/Hz
Ss-2	9.135	5	1	5	5	0	100	0
			2		7.5			
			3		10			
			4		12.5			
			5		15			
Ss-3	20	10	1	5	5	0	100	0
			2		7.5			
			3		10			
			4		12.5			
			5		15			

在静态和扰动应力下裂隙岩体渗透演化的试验方案中,进行了两组裂隙岩体渗透率试验。在扰动应力渗流试验中,设计了三组试验(Sd-1、Sd-2、Sd-3)。压应力(σ_3)和轴向静应力(σ_s)以 0.1 MPa/s 的恒定加载速率依次增大至设计水平。在所有试验中分别设置为 5 MPa 和 10 MPa,并在整个试验中保持恒定。根据逐级循环设计思路将 σ_d 分别设置为 0.25、1.25、2.5、4.75 和 5 MPa。图 2-10 所示为频率是 1 Hz 的加载路径示意图。

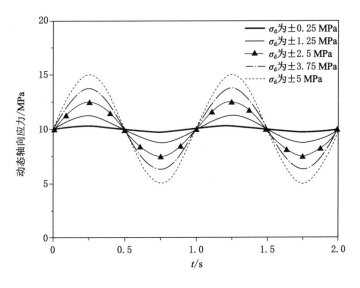

图 2-10　扰动应力下试样加载路径示意图

在静态应力渗流试验中,同样设计了三组试验(Ss-1、Ss-2、Ss-3)。在每次试验中,轴向应力由 5 MPa 逐步提高到 15 MPa,压保持在 5 MPa,相关参数如表 2-3 所示。试验中测量了各轴向应力作用下裂隙岩体的渗透率。

2.3.4 扰动应力下裂隙岩体渗透演化模型试验方案

为了得到扰动应力下裂隙岩体渗透演化模型,降低粗糙度系数等因素影响,针对锯切裂隙岩体进行了研究。循环幅值和循环加载频率为自变量,如表 2-4 所示。

表 2-4 扰动应力下裂隙岩体的试验参数

试样	试验程序	σ_3/MPa	F_{sm}/kN	F_d/kN	循环次数	频率/Hz
SC-1-1	1					0.25
SC-1-2	2					0.5
SC-1-3	3					0.75
SC-1-4	4	2.5	5	10	100	1
SC-1-5	5					1.25
SC-1-6	6					1.5
SC-1-7	7					1.75
SC-2-1	1					0.25
SC-2-2	2					0.5
SC-2-3	3					0.75
SC-2-4	4	2.5	5	20	100	1
SC-2-5	5					1.25
SC-2-6	6					1.5
SC-2-7	7					1.75
SC-3-1	1					0.25
SC-3-2	2					0.5
SC-3-3	3					0.75
SC-3-4	4	2.5	5	30	100	1
SC-3-5	5					1.25
SC-3-6	6					1.5
SC-3-7	7					1.75
SC-4-1	1					0.25
SC-4-2	2					0.5
SC-4-3	3					0.75
SC-4-4	4	2.5	5	40	100	1
SC-4-5	5					1.25
SC-4-6	6					1.5
SC-4-7	7					1.75

根据扰动应力幅值设计了四组试验,轴向载荷最小值 5 kN,振幅分别为 10、20、30 和 40 kN。在每组试验中,从 0.25 Hz 到 1.75 Hz 设置 7 组循环加载频率。图 2-11 为循环加载频率是 1 Hz 时,不同循环幅值下加载路径示意图,图 2-12 是循环加载幅值为 20 kN 时,不同

循环频率下加载路径示意图,同时测试了每组加载频率试验前后裂隙岩体的渗透率。

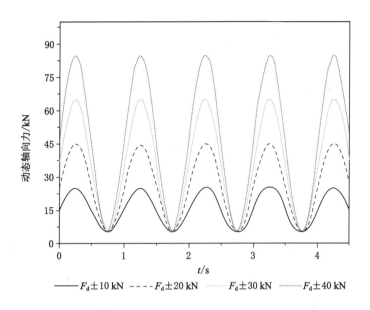

图 2-11 不同循环幅值下加载路径示意图(循环加载频率为 1 Hz)

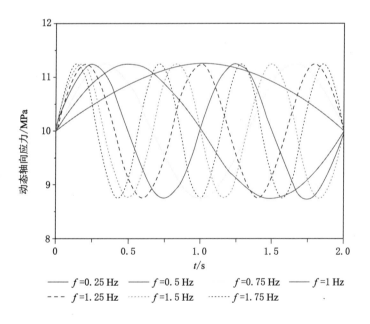

图 2-12 不同循环频率下加载路径示意图(循环加载幅值为 20 kN)

2.4　试验数据处理

2.4.1　渗透率数据处理

  岩石的渗透性可以用稳态方法来测量,在稳态方法中,流体通过样品的流速是根据已知的水力压力梯度来测量的。然而,当渗透率较低时,可能需要很长时间来建立稳定状态。因此,由 Brace 等[137]开创的压力脉冲衰减技术被广泛应用于相对低渗透率的锯齿状裂隙岩体[138]的渗透率测量。这种方法是基于对试样一端施加的压力的一小步变化的衰减分析。同稳态渗透率测定方法相比,使用瞬态法测量渗透率较低的砂岩岩体时所需的时间更短,减少了长时间测量可能带来的系统泄露和温度变化的影响。此外,使用瞬态压力脉冲法时,系统监测的是上下游的压差而不需要监测流量,高精度的压力测量比高精度的流量测量更容易实现,因此瞬态压力脉冲法的精度更高,近年来得到了非常广泛的应用[139]。基于达西定律,不考虑岩石基体的渗流,通过单裂隙试样的瞬态脉冲压力控制的微分方程为[137,140-141]:

$$\frac{k\partial^2 P}{\mu \partial x^2} = S_s \frac{\partial P}{\partial t} \tag{2-6}$$

式中 k——单裂隙岩体的渗透率;

   μ——水的动力黏度;

   S_s——试样的比储量;

   x——从上游开始沿裂隙的距离;

   p——水压力。

  利用以上所述的瞬态脉冲衰减测试技术的初始和边界条件,可以得到式(2-6)的简化解为[140-143]:

$$\Delta P(t) = P_1(t) - P_2(t) = P_0 \exp(-\alpha t) \tag{2-7}$$

$$P_1(t) = P_f + P_0(t)\frac{V_2}{V_1 + V_2}\exp(-\alpha t) \tag{2-8}$$

$$P_2(t) = P_f + P_0(t)\frac{V_2}{V_1 + V_2}\exp(-\alpha t) \tag{2-9}$$

$$\alpha = \frac{kA_2}{\mu\beta_w L_2}\left(\frac{1}{V_1} + \frac{1}{V_2}\right) \tag{2-10}$$

式中 $\Delta P(t)$——t 时刻上下游水箱之间的压差(即压力衰减);

   $P_1(t),P_2(t)$——t 时刻上游水箱和下游水箱的压力;

   P_f——最终水压力;

   $P_0(t)$——$t=0$ 时的初始脉冲压力;

   L_2——沿断层面两个钻孔之间的距离;

   A_2——裂隙面的横截面积;

   V_1,V_2——上游和下游水库体积(如图 2-3 所示,$V_1 = V_2 = 4.32 \times 10^{-7}$ m³);

β_w——水的压缩系数。

式(2-10)可用于确定裂隙岩体渗透率,它可以改写为[137,144-146]:

$$k = \frac{\alpha \mu \beta_w L_2}{A \left(\dfrac{1}{V_1} + \dfrac{1}{V_2} \right)} \tag{2-11}$$

用式(2-11)确定裂隙岩体的渗透率,关键是要知道参数 α 的值,该参数可以用式(2-7)对压力衰减和流量时间数据进行指数拟合得到。

在本研究中,可测量裂隙面达到一个压力阶跃后的压差,于是渗透率的计算可简化为[89]:

$$k = \frac{cL\mu}{AP_m \left(\dfrac{1}{V_1} + \dfrac{1}{V_2} \right)} \tag{2-12}$$

式中　P_m——P_1 和 P_2 的平均值;

P_1, P_2——上游和下游压力;

L——圆柱试样长度;

A——圆柱试验截面面积;

V_1, V_2——上游和下游水库体积;

c——时间脉冲压力随时间的变化率,可以根据时间脉冲压力 $\Delta P(t)$ 的变化来确定。

Brace 等[137]和 Jang 等[144]发现时间脉冲压力随时间呈指数衰减:

$$\Delta P(t) = P_0 e^{-ct} + c_0 \tag{2-13}$$

式中　P_0——$t=0$ 时初始脉冲压力;

c_0——拟合常数。

图 2-13 显示了时间脉冲压力随流量时间变化的情况。由图 2-13 可以看出,时间脉冲压力衰减模型[式(2-13)]与试验数据的趋势吻合较好。显然,系数 c 是图 2-13 中的 0.002 1。

2.4.2　裂隙面应力数据处理

裂隙面上的法向有效正应力由岩石试样的轴向应力及岩压力分解得到。如图 2-14 所示,试样的轴向应力可以表示为:

$$\sigma_1 = \frac{\sigma_{sm} + \sigma_d [1 + \sin(2\pi f t)]}{A_1} \tag{2-14}$$

式中　A_1——砂岩试样的截面积。

裂隙面上有效正应力可表示为:

$$\begin{aligned} \sigma_n &= (\sigma_3 - P_m) + (\sigma_1 - \sigma_3)\sin^2\theta \\ &= (\sigma_3 - P_m) + \left(\frac{\sigma_{sm} + \sigma_d[1 + \sin(2\pi f t)]}{A_1} - \sigma_3 \right)\sin^2\theta \end{aligned} \tag{2-15}$$

式中　σ_n——裂隙面上有效正应力;

θ——试验中垂直轴向的裂隙倾角(本试验中倾角为 30°);

σ_1, σ_3——砂岩试样的最大和最小有效正应力;

P_m——上游压力和下游压力的平均值。

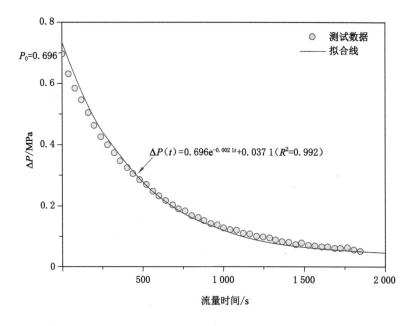

图 2-13 典型的时间脉冲压力与流量时间关系曲线

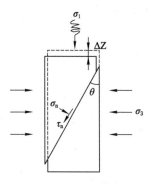

图 2-14 试验过程中裂隙岩体变形示意图

2.5 本章小结

为了研究扰动应力下裂隙岩体渗透演化规律,本章介绍了完整岩石及裂隙岩体室内渗流试验。从试验制备、所用试验设备简介、试验方案的设计及相关试验数据的处理几个方面介绍了整个试验方案。裂隙岩体的渗透演化包括岩石基体本身和内部裂隙两部分的渗透演化。因此,选取了完整岩石和含有裂隙面的岩体两种结构类型的岩石试样作为研究对象。在完整岩石渗流试验中进行了静态应力和扰动应力下的渗流试验,其中,静态应力为常规三轴应力加载,扰动应力加载有逐级幅值加载和不同循环振幅加载两种方式,试验目的为研究静态应力和扰动应力下岩石渗透演化规律。在裂隙岩体试验中,首先进行了扰动应力下不同裂隙面的渗流试验,试验过程中循环振幅保持不变,其次进行了常规三轴应力(静态应力)和逐级循环振幅(扰动应力)下的渗流试验,试验目的为研究静态应力和扰动应力下粗糙裂隙岩体渗透演化规律。本章还进行了扰动应力下锯切光滑裂隙岩体渗流试验,分别考虑了扰动循环振幅及循环加载频率对裂隙渗透演化的影响,试验目的为建立扰动应力下裂隙岩体渗透演化模型。

第3章　静态和扰动应力下岩石渗透演化规律

本章主要利用声发射动态监测岩石的应力应变演化过程,在 MTS815 岩石力学试验机上进行岩石的渗透率测试试验,研究静态应力和动态应力下岩石应力应变与渗透率的演化规律。试验过程中静态应力和扰动应力加载方式选择为:静态应力加载为常规三轴应力加载;扰动应力加载为逐级循环振幅加载和不同循环振幅应力加载。

3.1　静态和扰动应力下应力应变与渗透率演化规律

3.1.1　静态应力下应力应变与渗透率演化规律

图 3-1 所示为常规三轴应力作用(静态应力)下砂岩的偏应力随轴向应变及其过程中渗透率的变化。其中,全应力应变曲线分为四个阶段:① 裂纹闭合压密阶段。在初始加载阶段,曲线略微下凹向上;这一非线性阶段意味着岩样中原始孔隙和微裂纹在三轴压缩作用下逐渐被压实和封闭。② 线弹性变形阶段。在此阶段,直到屈服阶段,应力-应变曲线的斜率是恒定的。可以发现,随着轴向应力的不断增大,试样中二次裂纹不断形成、扩展和连接。③ 屈服阶段。应力应变响应再次变为非线性并向上凸出,直到应力峰值出现。在这一阶段,岩样受到严重破坏,微裂纹的扩展变得不稳定。屈服阶段微裂纹的形成、聚集和连接数量高于线弹性变形阶段。轴向应变和体应变开始迅速增加,导致岩样体积由压缩转变为膨胀。④ 峰值应力与峰后阶段。

由图 3-1 所示的试验结果还可以看出,偏应力对砂岩的渗透性有显著影响。在裂缝闭合阶段,渗透率随轴向应力应变增加而略微降低,这一般是由于原始微裂隙和孔洞的闭合。在线弹性变形阶段,渗透率继续减小,在屈服阶段之前达到最低点。屈服发生后,由于连通的二次裂缝和一次裂缝成为这一阶段的主要渗流通道,渗透率急剧增大。随着应力-应变曲线达到峰值应力点,渗透率达到最大值。峰值后砂岩破坏,裂隙膨胀及试验机停止,无法定量分析裂隙渗透率变化。因此,本章研究峰值砂岩破坏前岩石应力应变、声发射及渗透率之间的关系。研究表明,常规三轴应力下,在裂纹闭合阶段渗透率下降,随着应力应变的增加出现大量损伤,渗透率逐渐增加,应力峰值处的渗透率达到最大值。

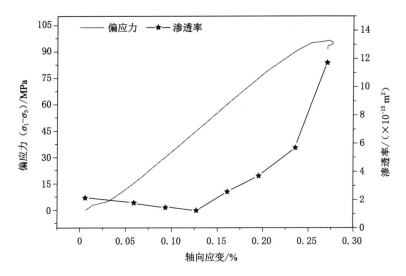

图 3-1　常规三轴应力下砂岩的偏应力随着轴向应变的特征及其过程中渗透率的变化情况

3.1.2　扰动应力下应力应变与渗透率演化规律

（1）逐级循环振幅下渗透率变化

图 3-2 所示为逐级循环振幅加载条件下砂岩的偏应力和轴向应变关系曲线。随着振幅增加循环应变的范围增加，振幅为 7.5 MPa 和 15 MPa，循环应变的范围在 0.075%～0.15% 之间。振幅为 22.5 MPa，循环应变范围为 0.075%～0.175%。随着振幅增加到 45 MPa，循环应变范围增加为 0.03%～0.225%。图 3-2 中黑色虚线表示连接不同振幅的最大应变值，得到的逐级循环加载下的应力应变曲线与图 3-1 中常规三轴的应力应变曲线相似，而岩样破坏达到的最大应变值 0.22% 小于常规三轴下的破坏应变 0.28%。该结果表明，循环加载促进了岩样的破坏。

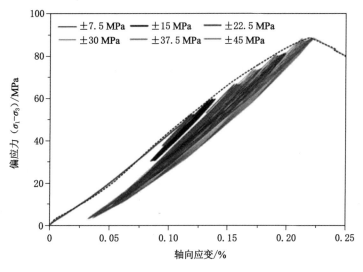

图 3-2　逐级循环振幅加载下砂岩的偏应力和轴向应变关系曲线

图 3-3 显示了逐级循环振幅加载作用下偏应力、轴向应变及循环加载后渗透率随时间的变化情况。渗透率测试条件为恒定静载应力 50 MPa(偏应力为 45 MPa),振幅为 7.5 MPa、15 MPa、22.5 MPa、30 MPa、37.5 MPa 及 45 MPa,每个振幅加载 100 个循环。逐级循环加载下岩样的渗透率变化与偏应力及应变密切相关。由图 3-3 可发现偏应力及应变随着时间呈现逐级增加的周期性变化。图 3-2 表明随着初始应力的逐渐增大,初始压实阶段应变迅速增大,砂岩中大量天然裂缝和孔隙被压缩,图 3-3 显示此阶段渗透率降低;应力幅值在 7.5 MPa 时,应变范围变化较小,属于弹性阶段,渗透率继续缓慢降低;随着应力幅值的增加,应变范围增大,砂岩内孔隙和裂缝扩展发育,渗透率开始增加;直到破坏瞬间体积应变值急剧减小,岩样内膨胀效应明显,渗透性迅速增加。逐级循环振幅加载下渗透率的演化规律与图 3-1 中常规三轴应力下渗透率演化规律相似,皆呈现先减小、后增加的趋势。

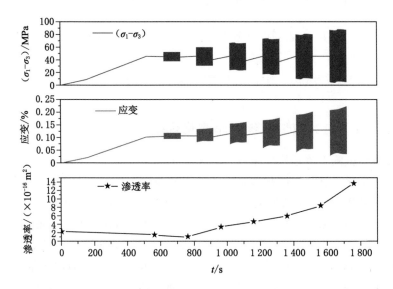

图 3-3　逐级循环振幅加载下偏应力和轴向应变及渗透率随时间的变化情况
(横坐标相同)

(2) 不同循环振幅下渗透率变化

为了对比不同循环加载应力幅值下应力应变曲线及渗透率的演化,设定加载静应力为 50 MPa,应力幅值分别为 7.5 MPa、22.5 MPa、37.5 MPa 及 45 MPa。加载循环次数为 600 个循环,每加载 100 个循环测量相应的渗透率。即相应的偏应力范围为 37.5～52.5 MPa、22.5～67.5 MPa、7.5～82.5 MPa 及 0～90 MPa。不同循环振幅下的应力应变关系如图 3-4 所示。

由图 3-4 可知,不同振幅循环应力加载下岩样的变形规律具有一定的相似性。在第一个循环加载阶段,变形发展得非常快,与常规三轴压缩情况相似。但卸载阶段和加载阶段的曲线并不重合,表明存在一定的塑性应变。从第二个循环开始,加载曲线与前一个循环卸载曲线形成了一个滞后回线,这是应力作用下岩样塑性变形不可逆的结果。之后,滞回环数随着加载循环次数的增加而增加,总体变化呈现稀疏密集的过程,类似于岩石材料的循环疲劳破坏过程。由此,可以将循环加载下岩样的变形定义为三个阶段:第一阶段为减速变形阶

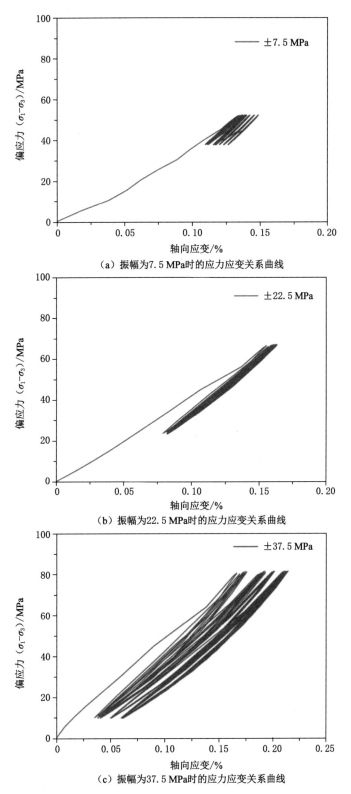

（a）振幅为7.5 MPa时的应力应变关系曲线

（b）振幅为22.5 MPa时的应力应变关系曲线

（c）振幅为37.5 MPa时的应力应变关系曲线

图 3-4　不同循环振幅应力加载作用下偏应力与轴向应变的关系

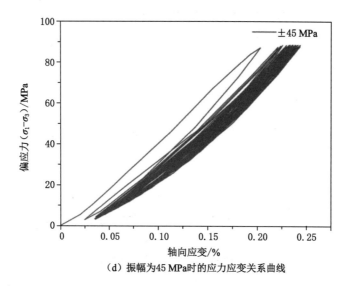

（d）振幅为45 MPa时的应力应变关系曲线

图 3-4 （续）

段,岩样的变形速度逐渐减小,滞回线由稀疏向密集发展,在这一阶段,岩样孔隙和裂纹的闭合占主导地位。第二阶段为稳定阶段,单个加载周期引起的变形较小且稳定,但在整体变形中所占比例较大,此阶段砂岩内孔隙和裂缝扩展发育。第三阶段为加速变形阶段,该阶段的应变速率比前两个阶段大得多,单次加载循环引起的变形很大,但经历的循环次数较少。经过上述三个变形阶段后,变形逐渐累积,最终导致岩样失稳破坏。

同时,不同振幅循环应力加载下岩样的变形规律也存在一定差异。循环加载振幅越高,单次加载循环产生的不可逆变形量越大,形成的滞回线越稀疏,岩样破坏所需的循环次数越少;应力水平较低时,单次循环产生的变形量较小,滞回线较密,岩样破坏所需的循环次数较多。这是因为循环加载振幅越低,单次加载循环对岩样造成的塑性损伤越小,变形发展速率越低。如图 3-4(a)所示,当振幅为 7.5 MPa 时,循环应变范围为 $0.1\%\sim0.15\%$;图 3-4(b)中当振幅为22.5 MPa 时,循环应变范围为 $0.75\%\sim0.175\%$,滞回线较密;图 3-4(c)中当振幅为 37.5 MPa 时,循环应变范围为 $0.0225\%\sim0.225\%$,滞回线相对较稀疏;图 3-4(d)中当振幅为 45 MPa 时,循环应变范围为 $0.0225\%\sim0.25\%$,滞回线较稀疏。当振幅为 7.5 MPa 和22.5 MPa 时,随着循环次数的增加,岩样的累积变形减少,即使循环次数增加,也未导致岩石的破坏;当振幅增加到 37.5 MPa 和 45 MPa 时,岩样的累积变形逐级接近岩样的弹性变形,随着循环次数的增加,岩石会发生破坏。

图 3-5 表示不同循环加载振幅下随着加载循环时间推移渗透率的演化。不同振幅随循环次数的增加,裂隙岩体渗透率的变化趋势不一样。静态应力加载阶段四个振幅下的渗透率都有所减小,循环加载阶段的渗透率的变化有所不用。当幅值为 7.5 MPa 时,随着循环次数及时间的增加,裂隙岩体的渗透率呈下降趋势,且渗透率下降值比较小。这是由于 7.5 MPa 幅值下,应力变化较小,使得循环应变范围较小,随着循环次数的增加,处于原有的孔隙及裂纹被压密的闭合阶段,导致观察到的渗透率随着循环加载下降,且渗透率变化较小。当幅值为 22.5 MPa 时,随着循环次数及时间的增加,渗透率先减小后增大。这是由于 22.5 MPa 幅值下,随着循环增加,应力变化增加,应变范围增大,开始循环加载时,岩样处于压密

阶段,渗透率减小,随着循环增加,出现损伤,渗透率开始增加。当幅值为 37.5 MPa 及 45 MPa 时,随着循环增加,渗透率均呈现增长趋势。这是因为在较大幅值下,岩样内出现裂纹,随着循环增加,裂纹不断扩展,渗透率不断增加。但 45 MPa 幅值下的渗透率增长速率大于 37.5 MPa,这是由于振幅为 45 MPa 时,最大应力达到岩样屈服强度,裂纹扩展速率较大,且随着循环增加渗透率达到最大值。

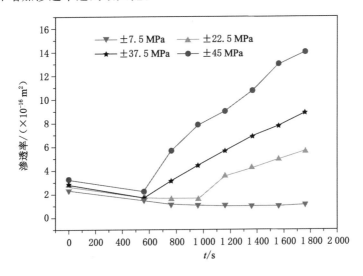

图 3-5　不同循环振幅应力加载作用下渗透率随加载循环时间变化的规律

3.2　静态和扰动应力下岩石声发射与渗透率演化规律

近年来,声发射(AE)技术越来越多地应用于研究岩石在应力作用下的损伤特征,因为它能在一定程度上有效地反映岩石内部的损伤程度[147-152]。以往学者研究了单轴压缩条件下渗水和不渗水岩石的声发射特征,发现当岩石接近破坏时,渗水对声发射的影响更为显著[153]。有的学者研究了细砂岩在整个破坏过程中的渗透性和声发射特征,发现横向变形的突变与渗透性的突变相对应,可以有效地反映渗透性的变化特征[154]。有的学者讨论了渗透率、声发射参数、应力和应变之间存在一定的对应关系[155]。声发射事件数反映了岩石内部发生损伤而释放的能量,因此,本书选取并利用了声发射累计数来表征岩石内部损伤特征。

3.2.1　静态应力下声发射事件数与渗透率演化规律

图 3-6 显示了常规三轴应力作用(静态应力)下砂岩声发射累计数与渗透率随应力加载时间变化的规律。渗透率及累积声发射事件数测试选取了偏应力为 15 MPa、30 MPa、45 MPa、60 MPa、75 MPa、90 MPa 及峰值应力。结果表明,累积声发射事件数的变化趋势与

渗透率曲线的总体趋势相对应,累积声发射事件数的变化对应渗透率曲线的一个偏转点。在偏应力 0～45 MPa 之间,累积声发射事件数较小,且随着应力加载累积声发射事件数呈现减小趋势。这与 3.1.1 中应力应变关系曲线变化相一致,此阶段为压密阶段,随着原有孔隙被压实,相应的渗透率分别从初始 2.11×10^{-16} m² 降低到 1.24×10^{-16} m²。随着应力加载继续增加,累积声发射事件数逐渐增加,且增加幅值较大;直到应力达到峰值强度,累积声发射事件数达到最大值。对应应力应变关系曲线的线弹性及屈服阶段,此阶段裂纹不断扩展,产生大量的损伤裂隙,渗透率逐渐增加,且增长速率较快,峰值强度的渗透率达到 1.14×10^{-15} m²,渗透率增加了一个数量级。总的来说,累积声发射事件数可以在一定程度上用于描述三轴渗流试验过程中的渗透率演化特征,且更直观、准确。

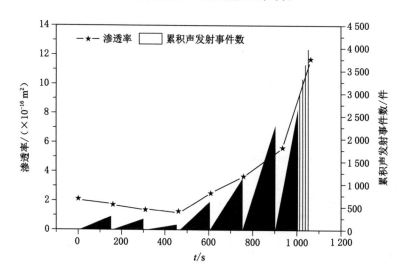

图 3-6　常规三轴加载作用下渗透率及累积声发射事件数随应力加载时间变化的规律

3.2.2　扰动应力下声发射事件数与渗透率演化规律

（1）逐级循环振幅下声发射事件数与渗透率演化规律

图 3-7 显示了逐级循环振幅加载下砂岩累积声发射事件数与渗透率随应力循环加载时间变化的规律。渗透率及累积声发射事件数测试选取了恒定静载应力 50 MPa(偏应力为 45 MPa),振幅分别为 7.5 MPa、15 MPa、22.5 MPa、30 MPa、37.5MPa 及 45MPa。结果表明,施加恒定静载应力(偏应力为 45 MPa)之后累积声发射事件数为 205(较小),说明岩石处于压密过程中,渗透率从原始的 2.31×10^{-16} m² 下降为 1.58×10^{-16} m²。随着扰动循环应力的加载,振幅为 7.5 MPa 时的累积声发射事件数比恒定静载应力时的小(为 83),渗透率继续下降并至最低点 1.11×10^{-16} m²。振幅继续增加 15 MPa,累积声发射事件数为 718,渗透率为 3.46×10^{-16} m²,累积声发射事件数及渗透率变化较小。随着振幅的继续增加,累积声发射事件数呈阶梯式增大,表明岩石内部开始出现损伤,此时渗透率快速增加,直至 45 MPa 时,振幅接近峰值,此时累积声发射事件数达到 7 000,岩石内部已有大量损伤,渗透率值达到最大。总的来说,随着振幅的逐级增加,累积声发射事件数及其岩石的渗透率呈增长趋势,且累积声发射事件数的变化趋势与渗透率曲线的总体趋势相对应。

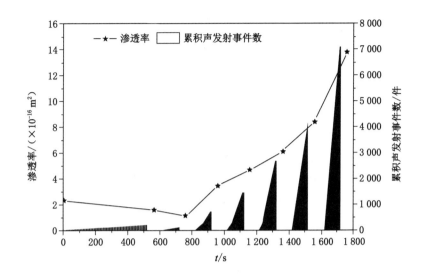

图 3-7　逐级循环振幅下渗透率及累积声发射事件数随应力加载时间变化的规律

（2）不同循环振幅下声发射事件数与渗透率演化规律

为了对比分析不同循环振幅下声发射与渗透率随着循环加载时间变化的特征，选取了恒定静载应力 50 MPa（偏应力为 45 MPa），振幅分别为 7.5 MPa、22.5 MPa、37.5 MPa 及 45 MPa 的测试条件。每组振幅循环次数为 600 次，每 100 个循环加载过程中测试渗透率。静态应力下部分累积声发射事件数及岩体应力应变渗透率变化与逐级循环加载部分累积声发射事件数及加载后测试的渗透率规律一致，因此为了对比分析加载循环时间下累积声发射事件数及渗透率的变化，截取循环加载部分进行分析，如图 3-8 所示。

由图 3-8（a）可以看出，振幅为 7.5 MPa 时，累积声发射事件数较少，且随着循环加载次数的增加，累积声发射事件数先减少、后增加，但变化范围在 400～600 之间，基本呈稳定状态。相应的，渗透率随着循环加载次数的增加，呈现先减小后增加、基本稳定的特征。在图 3-8（b）中，振幅为 22.5 MPa 时，累积声发射事件数随着循环加载次数的增加，在第 2 个 100 次循环过程中减小，之后增加，总体呈上升趋势。相应的，岩体应力应变过程中渗透率在第 2 个 100 次循环后，渗透率稍微降低，之后随着循环加载次数的增加，它整体上与累积声发射事件数皆呈上升趋势。当振幅为 37.5 MPa[图 3-8（c）]时，累积声发射事件数达到 3 000，且随着循环次数的增加，累积声发射事件数呈线性增长；岩体应力应变过程中渗透率也呈线性增长。当振幅达到 45 MPa[图 3-8（d）]时，累积声发射事件数较大，且随着循环加载次数的增加呈线性增长。相应的，岩体应力应变过程中渗透率以较大的速率呈线性增长，直到最后岩石破坏，渗透率达到最大值。研究结果表明：当振幅较小（7.5 MPa）时，循环加载次数的增加对累积声发射事件数及渗透率的影响不大。当振幅较大（37.5 MPa 和 45 MPa）时，即应力达到峰值应力 80% 以上时，随着循环加载次数的增加累积声发射事件数较大，说明岩石内部出现了大量损伤；此时，渗透率随着循环加载次数的增加而增大。

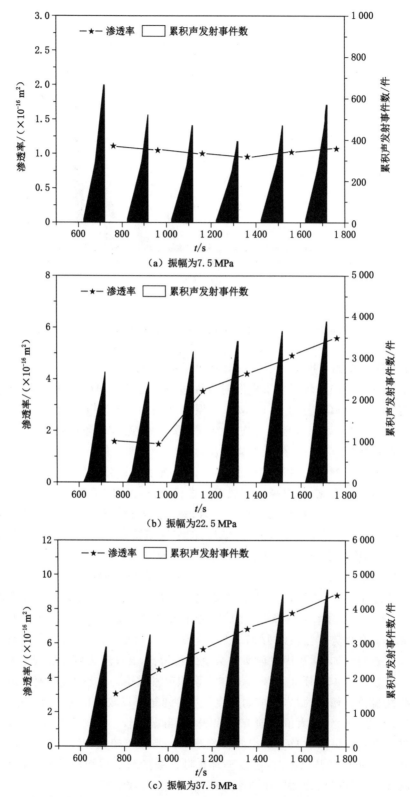

图 3-8　不同循环振幅应力加载下渗透率及累积声发射事件数随应力加载时间变化的规律

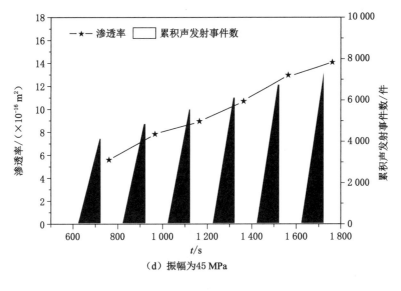

（d）振幅为45 MPa

图 3-8　（续）

3.3　静态与扰动应力下岩石声发射-应力-应变-渗透率关系

通过结合声发射与岩石渗透试验,分析了静态应力与扰动循环应力下岩石渗透率与应力应变及声发射特征演化之间的关系。为了讨论不同路径下岩石声发射-应力-应变-渗透率关系,以常规三轴静态应力及逐级循环振幅为例,如图 3-9 和图 3-10 所示。

为了对比分析静态及循环应力条件下相关参数间关系,静态应力下探讨偏应力 15 MPa、30 MPa、45 MPa、60 MPa、75 MPa、90 MPa 及峰值应力处累积声发射事件数及渗透率随应力变化的规律（图 3-9）;扰动循环加载条件下探讨了恒定静载偏应力为 45 MPa,振幅分别为 7.5 MPa、15 MPa、22.5 MPa、30 MPa、37.5 MPa 及 45 MPa 处累积声发射事件数及渗透率随应力变化的规律（图 3-10）。静态应力与扰动循环应力下的应力范围一致,逐级循环累积声发射事件数与渗透率分别为振幅加载后的测量值。

从图 3-9 和图 3-10 中可以发现,静态应力下应变和逐级循环振幅下的应变总体变化范围一致;累积声发射事件数及渗透率随应力增加皆呈现先减小后增加至最大值的趋势。结果表明静态应力及逐级循环振幅下岩石声发射、应变及渗透率与应力之间的演化规律相似。因此将渗透率的演化总结为三个阶段:第一阶段为岩石裂纹闭合压密阶段,累积声发射事件数较小,应力主要起到压密作用,此阶段损伤较轻,渗透率呈现降低趋势。第二阶段为岩石裂纹扩展损伤阶段,累积声发射事件数随着应力的增加明显增大,随着应力的增加应变范围增大。在此阶段,随着轴向应力的不断增大,岩石内部出现二次裂纹并不断形成、扩展和连接,造成大量累积损伤,渗透率呈现增长趋势。第三阶段为屈服及破坏阶段,累积声发射事件数迅速增大,应变开始迅速增加。在这一阶段,岩样受到严重破坏,微裂纹的扩展变得不稳定,直至岩石发生破坏,此时渗透率急剧增大,达到了最大值。

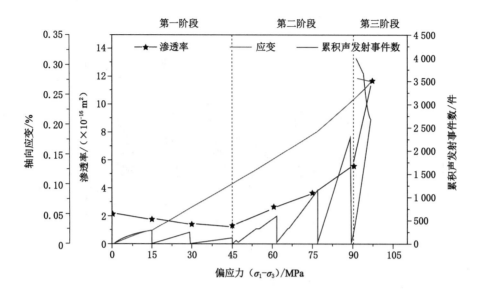

图 3-9　常规三轴应力作用下的累积声发射事件数、应变、渗透率与应力之间的关系

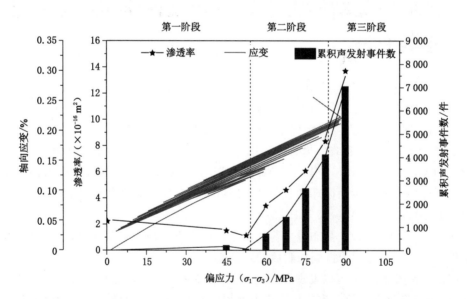

图 3-10　逐级循环振幅作用下累积声发射事件数、应变、渗透率与应力之间的关系

　　然而,静态应力下和逐级循环振幅下岩石声发射、应变及渗透率随应力的变化尚且存在不同之处。静态应力下从压密阶段到偏应力 45 MPa 处,渗透率及累积声发射事件数达到最小值,而逐级循环振幅下偏应力为 45 MPa,7.5 MPa 振幅加载后渗透率及累积声发射事件数继续减小,表明循环应力加载改变了岩石的软化特征。第二阶段逐级循环振幅下累积声发射事件数增长速率稍大于静态应力下的,说明在此阶段循环应力下岩石出现损伤,且裂

纹处于不断扩展-闭合的过程,表现出的声发射特征比静态应力下明显。第三阶段属于屈服及破坏阶段,循环应力下累积声发射事件数明显大于静态应力下的,测得的渗透率稍大于静态应力下的,说明循环应力作用下的岩石内部损伤大于静态应力下的。

图 3-11 所示为静态应力及扰动循环应力下试验后的岩石断裂面特征。静态应力及扰动循环应力下的岩石主要为剪切破坏,而扰动循环应力下裂隙面损伤更严重。因此,在第三阶段循环应力作用下测得累积声发射事件数及渗透率大于静态下的。研究结果表明:循环应力下不但改变了岩石的软化特征,而且增加了岩石声发射特征及渗透率,破坏损伤断裂程度更为严重。图 3-11 所示岩石破裂角大约为 30°,与本书裂隙岩体裂隙面与垂直方向的夹角一致。

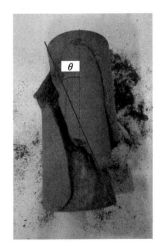

（a）静态应力下损伤破裂面　　　　（b）扰动循环应力下损伤破裂面

图 3-11　不同路径下岩石断裂面特征

3.4　本章小结

利用声发射技术动态监测岩石的应力应变演化过程,在 MTS815 岩石力学试验机上进行了岩石的渗透率测试试验。研究了静态应力和扰动应力下岩石应力应变及渗透率的演化规律。对比分析了常规三轴应力、逐级循环振幅及不同循环振幅加载路径下应力应变与岩石渗透率演化规律;探讨了常规三轴应力、逐级循环振幅及不同循环振幅加载路径下岩体累积声发射事件数与渗透率的变化特征;讨论了常规三轴应力(静态应力)下及逐级循环振幅(扰动应力)下岩石声发射-应力应变-渗透率之间的关系。本章主要研究结果如下:

(1) 常规三轴应力(静态应力)作用下,开始阶段岩石压密,裂纹闭合,渗透率下降;随着应力应变的增加,岩石出现大量损伤,渗透率逐渐增加,于应力峰值处达到最大值。逐级循环振幅加载下渗透率的演化规律与常规三轴下渗透率演化规律相似,皆呈现出先减小后增大的趋势。不同幅值应力加载作用下,随循环时间的增加,渗透率的变化趋势不一样。幅值为 7.5 MPa 时,随着循环次数及时间的增加,渗透率呈下降趋势,且下降值较小。7.5 MPa 幅值下应力变化较小,使得循环应变范围较小;随着循环次数的增加,原有的孔隙及裂纹处于被压密闭合阶段,导致观察到的渗透率随着循环加载而下降,且渗透率变化较小。随着幅值增大,应变范围增大,渗透率随着循环加载时间(次数)的增加而呈现增长趋势。

(2)常规三轴应力(静态应力)作用下,开始阶段累积声发射事件数较小,渗透率下降;随着应力增加,累积声发射事件数逐级增大,渗透率增加。在逐级循环振幅作用下,随着振幅的增加,累积声发射事件数开始增加缓慢,随着振幅增加累积声发射事件数快速增大,渗透率先减小后增加。不同循环幅值应力加载作用下,当振幅较小时,随循环时间的增加,累积声发射事件数与渗透率几乎保持稳定,循环次数对岩石影响不大;当振幅较大时,即应力达到峰值应力 80% 以上时,随着循环次数的增加累积声发射事件数较大,说明岩石内部出现了大量损伤,此时渗透率随着循环次数增加而增大。

(3)探讨了静态与扰动应力下岩石声发射-应力应变-渗透率之间关系。静态应力下的应变和扰动应力下的应变总体变化范围一致;累积声发射事件数及渗透率随应力增加皆呈现先减小后增加至最大值的特征。结果表明,静态应力及逐级循环振幅下岩石声发射、应变及渗透率与应力之间的演化规律相似。因此,将渗透率演化分为三个阶段:压密阶段,累积声发射事件数及渗透率降低;岩石裂纹扩展损伤阶段,累积声发射事件数及渗透率增加;屈服及破坏阶段,累积声发射事件数及应变迅速增大,渗透率达到最大值。但静态应力与扰动应力下存在不同现象,扰动应力下岩石的软化特征及岩石声发射特征更明显,破坏损伤断裂程度更为严重,渗透率增加幅度更大。

第 4 章　静态和扰动应力下粗糙裂隙岩体的渗透演化规律

首先,本章通过光学三维扫描仪对试验前后裂隙表面进行扫描,试验过程中保持应力条件不变,进而研究了裂隙面对裂隙岩体渗透率的影响。其次,进行了含粗糙面的裂隙岩体渗流试验,研究静态应力和扰动应力下粗糙裂隙岩体渗透率演化规律。试验中设计静态应力(常规三轴应力)和扰动应力(逐级循环振幅)两种加载方式。为了消除静态应力和扰动应力下裂隙面的影响,两种应力加载方式下选取的裂隙岩体试样的裂隙剖面类型一致。

4.1　粗糙面对裂隙岩体渗透演化的影响

在应力对裂隙岩体渗透率影响的研究中,通常假设裂隙为光滑的平板或者裂隙在应力作用下不发生变化[38,79]。而在自然岩体中,裂隙是不规则的粗糙面。大量的工程实践表明,在应力作用下,裂隙岩体发生损伤变形进而导致渗透率的改变是造成岩体工程失稳及地质灾害发生的主要原因之一。如在应力作用下岩体裂隙磨损改变了裂隙开度及粗糙度,从而造成裂隙渗透率发生变化而导致的岩体滑坡及断层等[156-157]。因此,研究裂隙岩体粗糙面对渗透率演化的影响有利于工程实践。

4.1.1　不同裂隙面渗透率演化

(1) 不同裂隙面下压力脉冲衰减曲线

图 4-1 表示的是不同粗糙度(JRC 值为 1.1、9.32、11.27 和 17.14)的裂隙面试样(DF-1、DF-2、DF-3 和 DF-4)的压力脉冲衰减-时间曲线与循环次数的关系。岩石裂隙面粗糙度系数 JRC 值为 1.1 时试样的压力脉冲衰减时间随着循环加载频率增大而减小,在 100 次扰动循环作用后,压力脉冲衰减时间为 1 500 s;随着循环加载次数的增加,压力脉冲衰减时间减小,并且压力脉冲衰减曲线趋近线性变化;直至循环加载次数到 400 次时,压力脉冲衰减时间减小速度变得缓慢,压力脉冲衰减曲线逐渐呈现非线性变化。裂隙面粗糙度系数 JRC 值为 9.32、11.27 和 17.14 的裂隙岩体试样的压力脉冲衰减时间随着循环加载次数增加而增加,并且压力脉冲衰减曲线逐渐呈现非线性变化。在初始 100 次循环作用后,压力脉冲衰减时间均大于 2 000 s。裂隙面粗糙度系数 JRC 值为 9.32 和 11.27 的粗糙裂隙岩体的压力脉冲衰减时间随着加载频率增加而增加,直至循环加载次数增加为 400 次循环,压力脉冲衰减

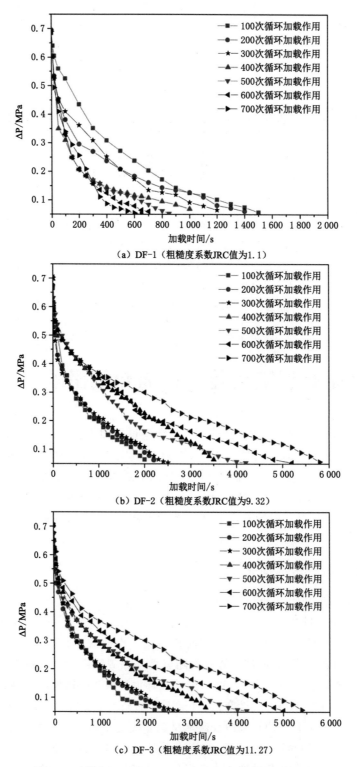

（a）DF-1（粗糙度系数JRC值为1.1）

（b）DF-2（粗糙度系数JRC值为9.32）

（c）DF-3（粗糙度系数JRC值为11.27）

图 4-1　试样 DF-1、DF-2、DF-3 和 DF-4（不同粗糙度裂隙面）
压力脉冲衰减-时间曲线与循环次数的关系

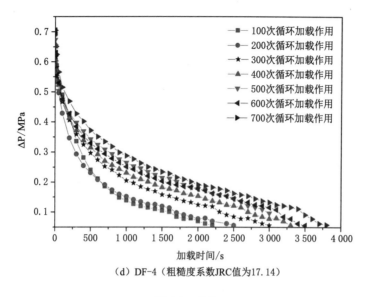

（d）DF-4（粗糙度系数 JRC 值为 17.14）

图 4-1　（续）

时间增加且速度开始变大,最终脉冲衰减时间增加到 5 500 s。而 JRC 值为 17.14 的较粗糙裂隙岩体,400 次循环加载作用后,压力脉冲衰减时间增加速度开始变缓慢。

在初始 100 次循环加载作用后,粗糙度系数 JRC 值为 1.1 的试样压力脉冲衰减时间为 1 500 s,粗糙度系数 JRC 为 9.32、11.27 和 17.14 的压力脉冲衰减时间分别为 2 000 s、2 100 s 和 2 300 s。结果表明,在初始扰动循环加载作用下,粗糙度系数较大的裂隙岩体压力脉冲衰减时间较大,并且压力脉冲衰减曲线更趋近非线性变化。岩石裂隙面粗糙度系数 JRC 值为 1.1 的光滑试样的压力脉冲衰减时间随着循环加载频率的增大而减小,而粗糙度系数 JRC 值分别为 9.32、11.27 和 17.14 的粗糙裂隙岩样的压力脉冲衰减时间随着循环加载次数增加而增加。说明循环加载作用对比较粗糙的裂隙岩体压力脉冲衰减时间影响较大。粗糙裂隙岩样（粗糙度系数 JRC 值分别为 9.32、11.27 和 17.14）的压力脉冲衰减变化规律:粗糙度系数 JRC 为 9.32 和 11.27 的粗糙裂隙岩体的压力脉冲衰减时间随着循环加载次数的变化较大;而粗糙度系数 JRC 为 17.14 的粗糙裂隙岩体的压力脉冲衰减时间随着循环加载次数的变化较小。结果表明,粗糙裂隙岩体中粗糙度系数较大的试样随着循环加载次数增加至一定次数后,压力脉冲衰减时间反而更容易趋于稳定。

（2）不同裂隙面渗透率演化

图 4-2 为含不同粗糙度(JRC 值为 1.1、9.32、11.27 和 17.14)的裂隙面岩体渗透率随循环加载次数变化的情况。当裂隙面粗糙度系数 JRC 值为 1.1 时,裂隙岩体渗透率在 100 次循环作用后先下降,然后随着循环加载次数的增加渗透率逐渐上升;粗糙度系数 JRC 值分别为 9.32、11.27 及 17.14 的裂隙面,裂隙岩体渗透率随循环加载次数的增加而下降。在 200～400 循环次数阶段,粗糙度系数 JRC 值为 17.14 的裂隙岩体的渗透率下降速率比 9.32 和 11.27 的快。但是,当循环加载次数达到 400 次后,情况相反,即粗糙度系数 JRC 值为 17.14 的岩样的渗透率下降速率较 JRC 值为 9.32 和 11.27 裂隙岩体的缓慢。这种现象与压力脉冲衰减曲线(图 4-1)相似。

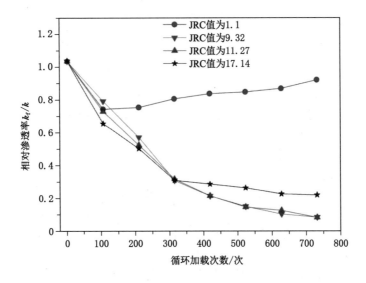

图 4-2　不同粗糙度系数 JRC 值(1.1、9.32、11.27、17.14)下渗透率随循环加载次数的变化

　　图 4-3 为不同粗糙度系数 JRC 值(1.1、9.32、11.27、17.14)下轴向位移随着扰动循环加载次数变化的特征。粗糙度系数 JRC 值为 1.1 的裂隙岩体轴向位移随循环加载次数的增大而增大,且增加值较大。而粗糙度系数 JRC 为 9.32、11.27 和 17.14 裂隙岩体的轴向位移分别在 100~400 次循环阶段增大,400 次循环后趋于稳定。

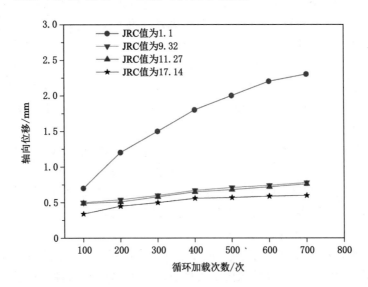

图 4-3　不同粗糙度系数 JRC 值(1.1、9.32、11.27、17.14)下轴向位移随循环加载次数变化的特征

　　由图 4-2 和图 4-3 可以看出,粗糙度系数 JRC 为 1.1 裂隙岩体的渗透率和轴向位移随循环次数均增大。粗糙度系数 JRC 值为 1.1 时,随着循环加载次数的增加,裂隙岩体的轴向位移均大于 1 mm,且随着循环加载次数增加,轴向位移明显增加,其间裂隙岩体的渗透率略有提高。而裂隙面粗糙度系数 JRC 为 9.32、11.27 和 17.14 的裂隙岩体轴向位移随循环

加载次数的增加而趋于稳定,且均小于 0.6 mm,渗透率随循环次数的增加而减小。结果表明,当裂隙表面相对光滑时,轴向滑动位移随循环次数的增加而增加,循环次数具有提高裂隙岩体渗透率的潜力;当裂隙面较粗糙时,轴向滑动位移随循环次数增加变化较小,不足以引起裂隙岩体滑动,裂隙岩体的渗透率随着扰动循环加载次数增加而降低。

4.1.2　裂隙面粗糙度对渗透率恢复的影响

图 4-4 表示试验后含不同裂隙面岩体的渗透率恢复率及其所需的恢复时间。裂隙岩体渗透率恢复率可以表示为试验后渗透率与裂隙岩体初始渗透率的百分比。由图 4-4 可以看出,随着粗糙度的提高,渗透率的恢复率降低,恢复时间增加。试验后,粗糙度系数 JRC 为 1.1 的裂隙岩体的渗透率几乎完全恢复,裂隙岩样的渗透率恢复到最大值所需的时间最短(134 s)。然而在渗透率逐渐恢复的过程中没有观察到长期变形,从微损伤的愈合机制来解释 JRC 为 1.1 的光滑裂隙岩体的渗透性的快速恢复存在争议。因此,光滑裂隙岩体渗透率的恢复可能主要受裂隙弹性过程的控制[110,132]。这一观测结果为解释锯切光滑裂隙岩体(JRC 为 1.1)的渗透率随时间的变化与粗糙裂隙岩体(JRC 为 9.32、11.27和17.14)的渗透率变化趋势不同提供了新的证据(图 4-1)。

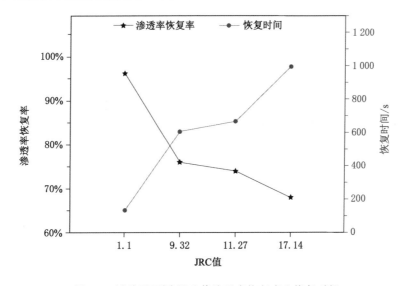

图 4-4　试验后不同 JRC 值渗透率恢复率和恢复时间

注意到粗糙度系数 JRC 为 9.32、11.27 及 17.14 的粗糙裂隙岩样的渗透率恢复率分别为 76％、74％ 及 68％,仅部分恢复;且粗糙裂隙岩体渗透率的恢复时间分别为 610 s、670 s 和 1 000 s。其中,JRC 为 17.14 的非常粗糙的裂隙岩体的恢复率最低,且恢复时间很长。这可能是由于裂隙岩体表面的突起被磨损而产生岩石碎片和泥料物质,随着流体的运移,它们会部分贮存并滞留在裂隙岩体表面凹陷处,需要较长时间才能被部分清理。这与现场观测结果相吻合,发现可能是地球化学作用控制了地下裂隙岩体渗透率的恢复,主要表现为裂隙间流动通道被堵塞[110,115,135]。

研究结果表明,光滑裂隙岩体由于裂隙面接触产生的轴向变形恢复较快,渗透率的恢复率最大,几乎完全恢复。相比之下,由于裂隙泥料物质滞留在裂隙表面,堵塞了流动通道,因此较粗糙的裂隙岩体的渗透性只能部分恢复,且渗透率恢复时间较长。亦即,粗糙裂隙岩体由于裂隙面磨损产生的泥料物质降低了渗透率的恢复速率,增加了渗透率的恢复时间。

4.1.3　岩石裂隙表面特征的变化

图 4-5 和图 4-6 表示四组渗流试验前后裂隙面三维激光扫描轮廓图和裂隙面粗糙高度分布图。裂隙面轮廓扫描是由 x-y 坐标的最佳拟合平面计算得到的。裂隙面的粗糙高度由 3D 扫描输出的 xyz 文件格式定位。裂隙面剖面的 x、y、z 轴坐标分别表示长度、宽度和高度。为了比较试验前后试样裂隙表面粗糙高度的变化,在图 4-5 和图 4-6 中,将裂隙面粗糙高度的最低点设为 0 mm。测试后 JRC 均值和裂隙面粗糙高度随粗糙度的下降情况如图 4-7 所示。

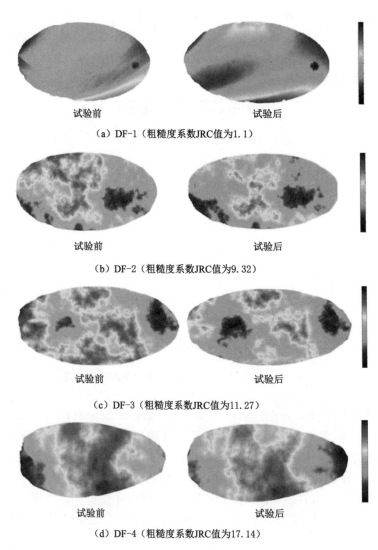

试验前　　　　　　　　　　试验后

（a）DF-1（粗糙度系数JRC值为1.1）

试验前　　　　　　　　　　试验后

（b）DF-2（粗糙度系数JRC值为9.32）

试验前　　　　　　　　　　试验后

（c）DF-3（粗糙度系数JRC值为11.27）

试验前　　　　　　　　　　试验后

（d）DF-4（粗糙度系数JRC值为17.14）

图 4-5　裂隙面扫描轮廓图

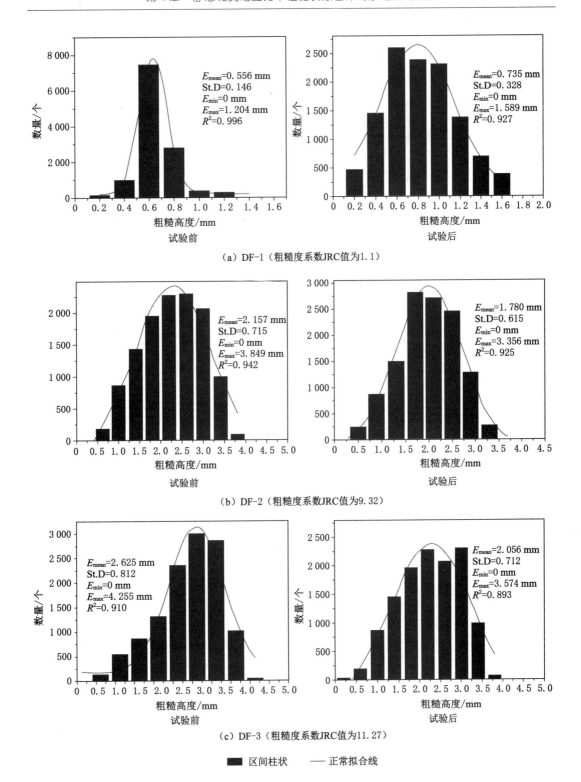

（a）DF-1（粗糙度系数JRC值为1.1）

（b）DF-2（粗糙度系数JRC值为9.32）

（c）DF-3（粗糙度系数JRC值为11.27）

■ 区间柱状　　—— 正常拟合线

图 4-6　裂隙面粗糙高度分布图

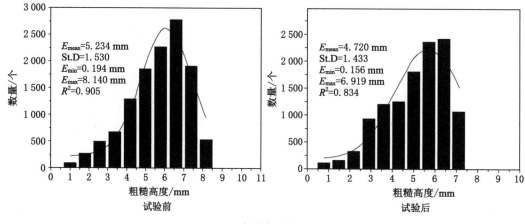

（d）DF-4（粗糙度系数JRC值为17.14）

图 4-6 （续）

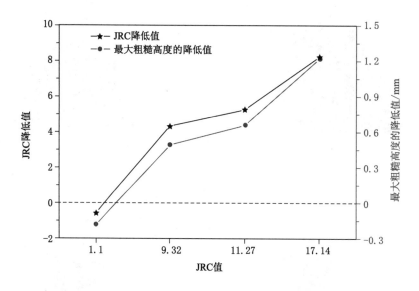

图 4-7 试验后粗糙度系数 JRC 及最大粗糙高度的降低值随粗糙度变化的规律

图 4-6 中黑色曲线为拟合粗糙度高度分布图的分布曲线。从中可以看出，试样 DF-1、DF-2、DF-3 和 DF-4 的裂隙面粗糙高度趋于正态分布。对比试验前后的裂隙面粗糙高度分布，试验前试样 DF-1、DF-2、DF-3 和 DF-4 裂隙面粗糙高度正态分布的相关系数分别为 0.996、0.942、0.910、0.905，试验后的相关系数分别为 0.927、0.925、0.893、0.834。试验前的粗糙高度正态分布的相关系数大于试验后的相关系数。这表明在自然状态下，岩石裂隙表面粗糙度更符合正态分布。JRC 为 1.1 的试样 DF-1 的光滑岩石裂隙最大裂隙面粗糙高度由 1.204 mm 增加到 1.589 mm，平均裂隙面粗糙高度由 0.556 mm 增加到 0.735 mm。然而，JRC 为 9.32、11.27 和 17.14 的岩石粗糙裂隙面的最大粗糙面高度分别从 3.849 mm 减少到 3.356 mm、从 4.255 mm 减少到 3.574 mm、从 8.140 mm 减少到 6.919 mm，平均粗糙高度从 2.157 mm 减少到 1.780 mm、从 2.625 mm 减少到 2.056 mm、从 5.234 mm 减少到

4.720 mm。

由图 4-6 和图 4-7 可知,JRC 值的下降幅度和最大粗糙高度的下降幅度随粗糙度的增加而增大。光滑岩石裂隙粗糙度系数 JRC 值增加 0.55,最大粗糙高度增加 0.385 mm。JRC 值为 9.32 和 11.27 的粗糙岩石裂隙分别减小了 4.34 和 5.26,最大裂隙面粗糙高度分别减小了 0.493 mm 和 0.681 mm。极粗岩石裂隙 JRC 值下降较大,降幅为 8.22,最大裂隙面粗糙高度减小了 1.221 mm。因此,粗糙度系数 JRC 为 17.14 的极粗糙裂隙的 JRC 值和最大裂隙面粗糙高度下降幅度最大,而粗糙度系数 JRC 为 1.1 的光滑表面的 JRC 值增加较多。结果表明,在试验过程中,裂隙面粗糙程度越高、粗糙度系数 JRC 值越大的岩石,裂隙退化越严重。然而,在测试过程中,光滑岩石裂隙表面的粗糙度在磨损后有轻微的提升。

由于试验机流体装置的密封特性,在流出端无法收集到岩石磨损及颗粒运移过程中产生的泥料物质。试验结束后,将泥料物质从岩石裂隙表面刷掉。图 4-8 所示为在复杂动载荷作用下,粗糙度对粗糙度系数 JRC 值及产生的泥料物质质量的影响。

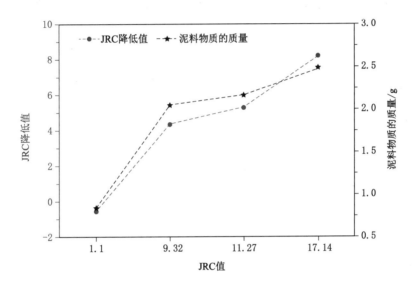

图 4-8　试验后的粗糙度系数 JRC 降低值及产生泥料物质的质量随粗糙度变化的规律

由图 4-8 可知,粗糙度系数 JRC 为 1.1 的光滑裂隙岩样经过渗流试验后,JRC 值上升了 0.55,而粗糙度系数 JRC 值为 9.32、11.27 和 17.14 的较大粗糙裂隙的 JRC 值分别下降了 4.34、5.26 和 8.22。四组岩样试验后岩石裂隙产生的泥料物质的质量分别为 0.84 g、2.05 g、2.16 g 和 2.49 g。JRC 为 1.1 的光滑裂隙表面产生 0.84 g 的泥料物质,导致粗糙度稍微增大。然而,光滑裂隙产生凿岩泥材料较少,磨损较轻,粗糙度变化很小,不足以改变光滑裂隙的渗透率。但是粗糙度系数 JRC 为 1.1 裂隙岩体的渗透性随时间增加而变大(图 4-2),光滑裂隙的轴向位移在 1 mm 和 2.6 mm 之间(图 4-3)。这表明在复杂的动态加载条件下,粗糙度系数 JRC 为 1.1 的光滑裂隙的轴向变形是锯切裂隙岩体的渗透率随时间而变化的主要原因。

而 JRC 为 9.32、11.27 和 17.14 的粗糙裂隙表面分别磨损产生了 2.05 g、2.16 g 和 2.49 g 泥料物质,导致粗糙度系数 JRC 值下降。粗糙度系数 JRC 为 17.14 的非常粗糙的岩石裂隙的 JRC 值和泥料物质下降和产生得最多。这表明,在非常粗糙的岩石裂隙表面,由于有更多的泥料物质,会发生更严重的表面损伤。这种泥料物质的出现可能导致滞留现象,从而堵塞渗流通道。这导致渗透路径不规则,从而降低了裂隙的渗透率[158]。由图 4-2 可知,粗糙度系数 JRC 为 17.14 的裂隙岩体的渗透率开始比 JRC 为 9.32 和 11.27 的裂隙岩体的下降较快,而后半段渗透率较粗糙度系数 JRC 为 9.32 和 11.27 的裂隙岩体的下降较慢。因此,图 4-4 中粗糙度系数 JRC 为 17.14 裂隙面内泥料物质比较多,堵塞渗流通道,导致渗透率恢复率较低,恢复时间较长。一般情况下,随着裂隙面粗糙度的增加,裂隙面粗糙度系数 JRC 值和泥料物质的质量的变化幅度也随之增加。粗糙度系数 JRC 值降低越多,岩石裂隙中泥料物质积累越多,导致渗透率恢复速度越慢,恢复时间越长。

4.2　静态和扰动应力下裂隙岩体渗透率演化规律

研究结果表明:① 渗透率变化与应力呈负相关;② 裂隙表面粗糙度对渗透率变化有影响;③ 扰动应力作用下裂隙的渗透率下降幅度略高于静态应力作用下裂隙渗透率的下降幅度。考虑了三个影响瞬态渗透率变化的因素:① 初始的粗糙度系数 JRC 值;② 岩石裂隙表面的粗糙退化和泥料物质的产生;③ 泥料物质运移和颗粒动员。

4.2.1　静态应力下裂隙岩体渗透率演化规律

4.2.1.1　静态应力下裂隙岩体渗透率的变化

（1）静态应力下压力脉冲衰减曲线

图 4-9 表示静态应力下,3 种不同粗糙度剖面类型(类型 4、5 及 10)的裂隙岩体压力脉冲衰减时间曲线与应力值之间的关系,静态应力下压力脉冲衰减时间同样为非线性曲线。不同裂隙粗糙度剖面类型的压力脉冲衰减时间的变化与扰动应力下现象一致。裂隙岩体试样 Ss-1(粗糙度剖面类型 4)的压力脉冲衰减时间随着循环振幅的增加而增大。所有循环振幅下,压力脉冲衰减与流动时间呈现非线性变化。裂隙岩体试样 Ss-2(粗糙度剖面类型 5)和裂隙岩体试样 Ss-3(粗糙度剖面类型 10)出现类似现象。在初始扰动循环振幅 5 MPa 下,试样 Ss-1(粗糙度剖面类型 4)和试样 Ss-2(粗糙度剖面类型 5)的压力脉冲衰减时间分别为 1 700 s 和 2 000 s,而裂隙岩体试样 Ss-3(粗糙度剖面类型 10)压力脉冲衰减时间为 2 500 s。随着应力的增加,试样 Ss-1(粗糙度剖面类型 4)和试样 Ss-2(粗糙度剖面类型 5)的压力脉冲衰减时间增加至 5 500 s 以上,而试样 Sd-3(粗糙度剖面类型 10)压力脉冲衰减时间增加至 3 600 s。该测试结果表明,在初始应力下,粗糙度剖面类型较大的裂隙岩体压力脉冲衰减时间较大,而随着静态应力幅值增加,粗糙度剖面类型较大的裂隙岩体压力脉冲衰减时间增加较少。

（2）静态应力下裂隙岩体渗透率演化

图 4-10 描述了轴向静态应力作用下的裂隙岩体渗透率演化和裂隙轴向位移的变化关系。由图 4-10 可以看出,试样 Ss-1(粗糙度剖面类型 4)和 Ss-2(粗糙度剖面类型 5)的渗透率以相似的速率减小,而轴向位移以相似的速率增大。Ss-3(粗糙度剖面类型 10)渗透率下

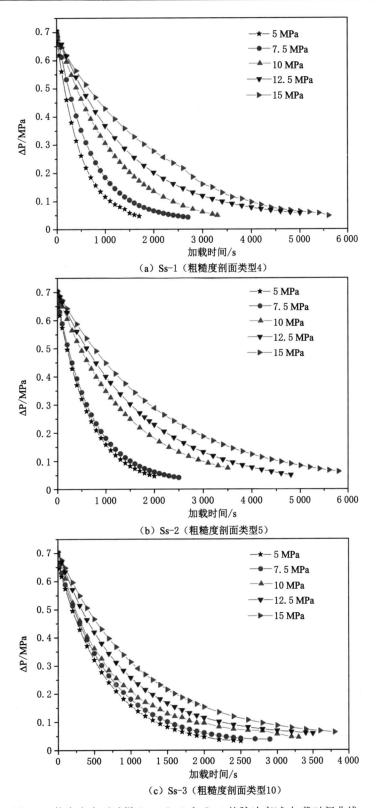

（a）Ss-1（粗糙度剖面类型4）

（b）Ss-2（粗糙度剖面类型5）

（c）Ss-3（粗糙度剖面类型10）

图 4-9　静态应力下试样 Ss-1、Ss-2 和 Ss-3 的脉冲衰减-加载时间曲线

降较慢,轴向位移增加较快。总体而言,在轴向静态应力作用下,三组渗透率随振幅的增大而明显减小,轴向位移明显增大。图 4-11 为轴向静态应力作用下裂隙岩体试验前后渗透率的变化情况。岩石试样 Ss-1、Ss-2 和 Ss-3 的渗透率变化分别以 13％、14％和 20％的下降速率减小。而粗糙度剖面类型 4 和 5 的试样 Ss-1 和 Ss-2 的 JRC 均值低于试样 Ss-3。由图 4-10 可以看出,轴向静态应力作用下裂隙岩体的轴向位移小于 1 mm,裂隙岩体未发生滑移破坏。这说明在相同的应力条件下,当轴向位移不足以引起破裂岩的滑动时,裂隙表面的粗糙度对渗透率的影响较大。

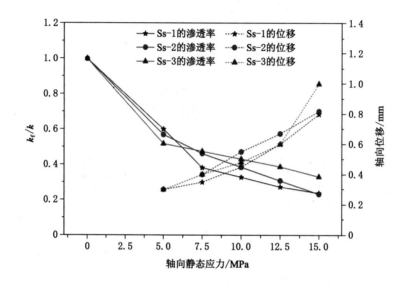

图 4-10 轴向静态应力作用下 Ss-1、Ss-2 和 Ss-3 的渗透率演化和轴向位移

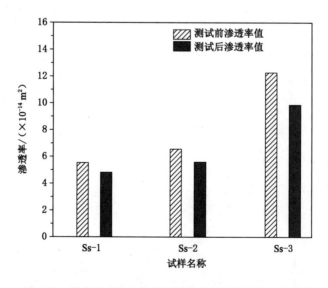

图 4-11 轴向静态应力作用下测试前后渗透率的变化情况

4.2.1.2　静态应力下裂隙面形貌变化

图 4-12 和图 4-13 为静态应力下渗透率试验前后的试样裂隙表面的三维扫描轮廓图和粗糙高度分布图。三维激光测量扫描产生的表面轮廓,是根据 x-y 坐标中一个最佳拟合平面定向的。为了便于裂隙面轮廓的可视化和试验前后的对比分析,在图 4-12 和图 4-13 中,裂隙表面的粗糙高度的最低点为 0 mm,即只需要对比分析试验前后裂隙面最大粗糙高度变化即可。注意,试验前后的裂隙面扫描轮廓图使用了相同的颜色刻度。图 4-14 为静态应力下试验前后 JRC 值的变化情况。

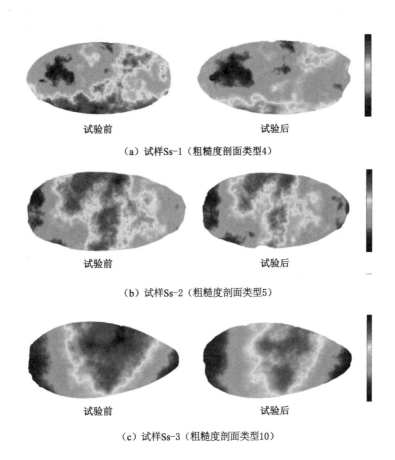

(a)试样Ss-1(粗糙度剖面类型4)

试验前　　　　　　　　　　试验后

(b)试样Ss-2(粗糙度剖面类型5)

试验前　　　　　　　　　　试验后

(c)试样Ss-3(粗糙度剖面类型10)

图 4-12　静态应力下试样裂隙面的扫描轮廓图

如前所述,图 4-12 和图 4-13 为试件 Ss-1、Ss-2 和 Ss-3 在轴向静应力作用下渗流试验前后的裂隙表面扫描轮廓图和粗糙高度分布图。对比试验前后的岩石裂隙面,试样 Ss-1、Ss-2 和 Ss-3 的初始的最大裂隙表面粗糙高度分别为 4.413 mm、5.443 mm 和 9.688 mm;试验后分别降低了 0.631 mm、0.082 mm、1.249 mm。由图 4-14 可以看出,试样 Ss-1、Ss-2 和 Ss-3 的初始 JRC 值分别为 7.03、9.14 和 20;渗流试验后,JRC 的均值分别为 4.75、5.67 和14.15,岩石裂隙表面 JRC 值下降了 2.28、3.47 和 5.85。这意味着,在测试过程中,具有高起伏度和较大 JRC 平均值的裂隙表面会经历更多的退化。

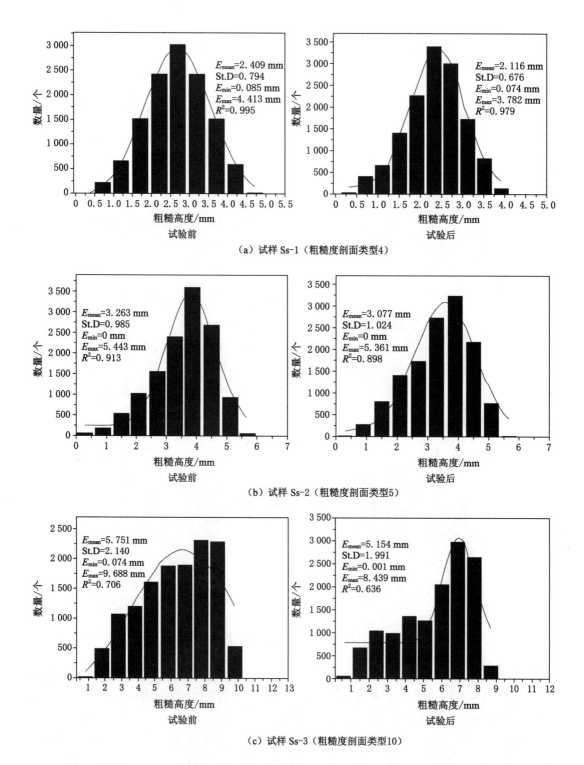

（a）试样 Ss-1（粗糙度剖面类型4）

（b）试样 Ss-2（粗糙度剖面类型5）

（c）试样 Ss-3（粗糙度剖面类型10）

图 4-13　静态应力下试样裂隙面的粗糙高度分布图

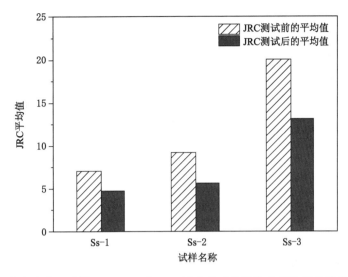

图 4-14　静态应力下试样 Ss-1、Ss-2 和 Ss-3 试验前后的粗糙度系数 JRC 值的变化情况

4.2.1.3　静态应力下产生泥料物质分析

由于试验装置设置的原因,在试验的流出端并没有采集到泥料物质,而是采集了试验后留在岩石裂隙表面的泥料物质。刷掉裂隙表面泥料物质,然后称重。静态应力下试验后采集到的泥料物质质量如图 4-15 所示。三种裂隙岩体试样 Ss-1、Ss-2 和 Ss-3 的裂隙面上的泥料物质的质量分别为 2.07 g、2.11 g 和 2.24 g。

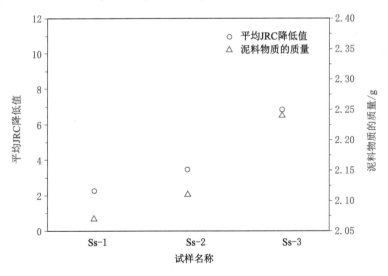

图 4-15　静态应力作用下试验后的粗糙度系数 JRC 平均下降值和泥料物质质量

静态应力下,对比三种类型裂隙面粗糙度系数 JRC 的下降值和产生的泥料物质的质量,如图 4-15 所示。试样 Ss-1(粗糙度剖面类型 4)和 Ss-2(粗糙度剖面类型 5)最初裂隙面的粗糙度系数 JRC 值小于 Ss-3(粗糙度剖面类型 10)的,Ss-1 和 Ss-2 JRC 值下降幅度和产生的裂隙凿岩等泥料物质的质量均小于 Ss-3。这说明裂隙面粗糙度系数 JRC 值越大,产生的泥质材料越多,表面损伤越大。这一裂隙泥料物质的产生可能会堵塞流动通道,出现渗流

滞后行为,从而影响裂隙渗透率,导致渗透率演化不规则[158]。这有助于解释图 4-9 中试样 Ss-3 的压力脉冲衰减时间随应力增加的增加速率明显低于 Ss-1 和 Ss-2 下的现象。同样图 4-10 中,试样 Ss-3 的渗透率下降速率明显低于 Ss-1 和 Ss-2 的。一般来说,在相同的应力条件下,粗糙度较大的裂隙表面积会产生更多的泥料物质,从而导致渗透率演化不规则,随着泥质材料的累积,渗透率下降速率变得缓慢。

4.2.2 扰动应力下裂隙岩体渗透率演化规律

4.2.2.1 扰动应力下裂隙岩体渗透率的变化

(1) 静态应力下压力脉冲衰减曲线

图 4-16 表示动态应力下,3 种不同粗糙度剖面类型(类型 4、5 及 10)的裂隙岩石试样循环扰动幅值、压力脉冲衰减与加载时间之间的关系。裂隙岩石试样 Sd-1(粗糙度剖面类型 4)的压力脉冲衰减时间随着循环幅值增加而增大,压力脉冲衰减与流动时间呈现非线性变化。裂隙岩石试样 Sd-2(粗糙度剖面类型 5)和裂隙岩石试样 Sd-3(粗糙度剖面类型 10)出现类似现象。在初始扰动循环幅值 0.25 MPa 下,试样 Sd-1(粗糙度剖面类型 4)和试样 Sd-2(粗糙度剖面类型 5)的压力脉冲衰减时间分别为 2 200 s 和 2 400 s,而裂隙岩石试样 Sd-3(粗糙度剖面类型 10)压力脉冲衰减时间为 3 000 s。随着扰动循环幅值的增加,试样 Sd-1(粗糙度剖面类型 4)和试样 Sd-2(粗糙度剖面类型 5)的压力脉冲衰减时间增加至 8 000 s 以上,而试样 Sd-3(粗糙度剖面类型 10)压力脉冲衰减时间增加至 5 500 s。结果表明,在初始扰动循环幅值下,粗糙度剖面类型较大的裂隙岩石压力脉冲衰减时间较大,而随着扰动循环幅值的增加,粗糙度剖面类型较大的裂隙岩石压力脉冲衰减时间增加较少。图 4-9(a)和图 4-16(a)表示静态应力和扰动应力下相同粗糙度剖面类型(粗糙度剖面类型 4)的裂隙试样压力脉冲衰减与加载时间的关系曲线。扰动循环幅值应力下,初始循环幅值应力加载后,压力脉冲衰减时间为 2 200 s,随着循环幅值的增加,压力脉冲衰减时间增大至 8 800 s;静态应力下,初始应力加载后,压力脉冲衰减时间为 1 700 s,随着应力的增加,压力脉冲衰减时间增加至 5 600 s。裂隙岩石试样 Ss-2(粗糙度剖面类型 5)和裂隙岩石试样 Ss-3(粗糙度剖面类型 10)表现出相同的变化。结果表明,对于相同粗糙度剖面类型的裂隙岩石,动态应力下压力脉冲衰减时间随应力的变化程度比静态应力下的变化程度大。

(2) 扰动应力下裂隙岩体渗透率演化

图 4-17 描述了扰动循环幅值下的裂隙岩体渗透率演化和裂隙轴向位移的变化规律。由图 4-17 可以看出,试样 Sd-1(粗糙度剖面类型 4)和 Sd-2(粗糙度剖面类型 5)的渗透率以相似的速率减小,而轴向位移以相似的速率增大。试样 Sd-3(粗糙度剖面类型 10)渗透率下降较慢,轴向位移增加较快。总体而言,在轴向动载荷作用下,三组渗透率随振幅的增大而明显减小,轴向位移增大。这一现象与以往研究中观察到的随着断层滑动增大,渗透率下降幅度较大的现象不一致[89,116,122,158]。图 4-18 为扰动循环幅值作用下裂隙岩体试验前后渗透率的变化。如图 4-18 所示,Sd-1 和 Sd-2 的渗透率分别下降了 35% 和 37%,而 Sd-3 的渗透率下降了 44%。粗糙度剖面类型为 4 和 5 的试样 Sd-1 和 Sd-2 的 JRC 均值低于试样 Sd-3 的。由图 4-17 可以看出,扰动循环幅值作用下渗透率试验的轴向位移小于 1 mm,裂隙岩体未受到破坏。这说明在相同的应力条件下,当轴向位移不足以引起破裂岩的滑动时,裂隙表面的粗糙度对渗透率的影响较大。

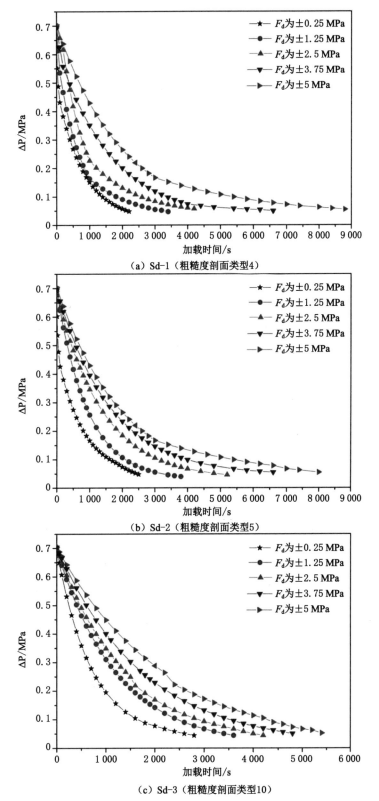

（a）Sd-1（粗糙度剖面类型4）

（b）Sd-2（粗糙度剖面类型5）

（c）Sd-3（粗糙度剖面类型10）

图 4-16 扰动循环幅值下试样 Sd-1、Sd-2 和 Sd-3 脉冲衰减-加载时间曲线

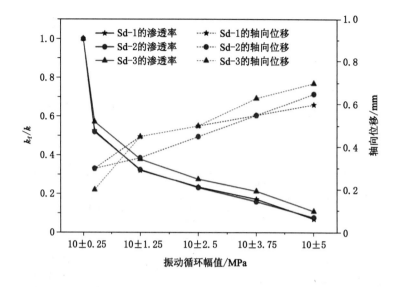

图 4-17　扰动循环幅值下 Sd-1、Sd-2、Sd-3 的渗透率演化及轴向位移随着幅值变化的规律

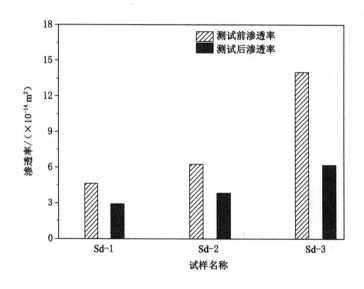

图 4-18　扰动循环幅值下测试前后渗透率的变化情况

4.2.2.2　扰动应力下裂隙面形貌变化

图 4-19 和图 4-20 为扰动循环幅值下渗透率试验前后的裂隙试样的裂隙表面三维扫描图和粗糙高度分布图。为了便于裂隙面轮廓的可视化和试验前后的对比分析，在图 4-19 和图 4-20 中，裂隙表面的粗糙高度的最低点同样为 0 mm，即只需要对比分析试验前后裂隙面最大粗糙高度变化即可。试验前后的裂隙面扫描轮廓图使用了相同的颜色刻度。图 4-21 为扰动循环幅值下试验前后 JRC 值的变化情况。

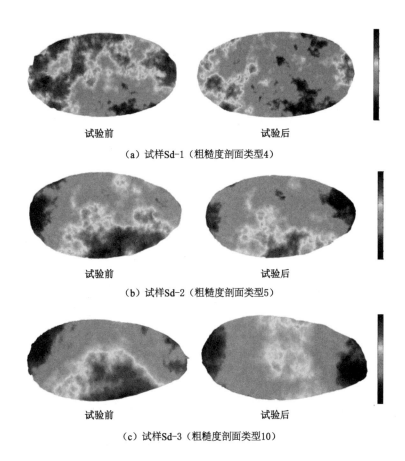

（a）试样Sd-1（粗糙度剖面类型4）

（b）试样Sd-2（粗糙度剖面类型5）

（c）试样Sd-3（粗糙度剖面类型10）

图 4-19　扰动应力下试样裂隙面的扫描轮廓图

图 4-19 和图 4-20 为试样 Sd-1、Sd-2 和 Sd-3 在扰动循环幅值作用下渗流试验前后的裂隙表面扫描轮廓图和粗糙高度分布图。对比试验前后的岩石裂隙面，Sd-1（粗糙度剖面类型 4）、Sd-2（粗糙度剖面类型 5）和 Sd-3（粗糙度剖面类型 10）的最大裂隙表面粗糙高度变化分别为从 3.635 mm 降低到 3.406 mm、从 5.448 mm 降低到 4.835 mm、从 8.897 mm 降低到 6.256 mm，分别下降了 0.229 mm、0.613 mm 和 2.272 mm。由图 4-21 可以看出，试样 Sd-1 和 Sd-2 的粗糙度系数 JRC 值分别为从 6.26 到 4.45，从 9.26 到 4.01，分别降低了 2.81 和 5.25。而 Sd-3 的 JRC 均值以较大降低幅值 12.93 从 19.35 下降到 6.42。因此，Sd-3 的裂隙粗糙越大，降低的幅度越大。这意味着，在测试过程中，具有高起伏度和较大 JRC 平均值的裂隙表面会经历更多的退化。

4.2.2.3　扰动应力下产生泥料物质分析

图 4-22 表示扰动循环幅值作用后试样 Sd-1、Sd-2 和 Sd-3 裂隙表面泥料物质的质量。三种试样 Sd-1、Sd-2 和 Sd-3 留在裂隙面上的泥料物质的质量分别为 1.20 g、1.23 g 和 1.44 g。对比三种类型裂隙面粗糙度系数 JRC 的平均下降值和产生的泥料物质的质量，如图 4-22 所示。试样 Sd-1 最初裂隙面的粗糙度系数 JRC 值小于 Sd-2 的，且试样 Sd-1 和 Sd-2 初始裂

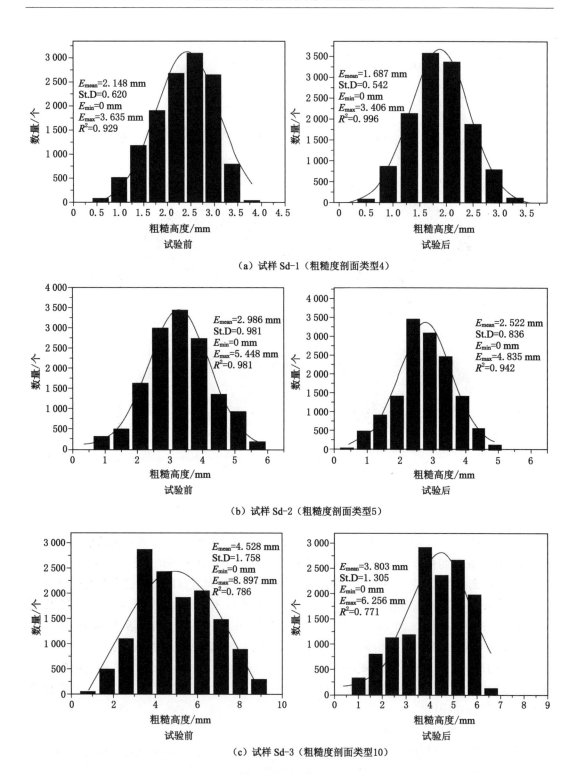

（a）试样 Sd-1（粗糙度剖面类型4）

（b）试样 Sd-2（粗糙度剖面类型5）

（c）试样 Sd-3（粗糙度剖面类型10）

图 4-20　扰动应力下试样的裂隙面粗糙高度分布图

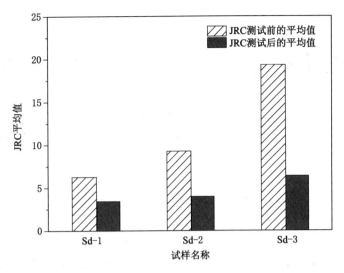

图 4-21　扰动循环幅值下试样 Sd-1、Sd-2 和 Sd-3 试验前后的粗糙度系数 JRC 平均值

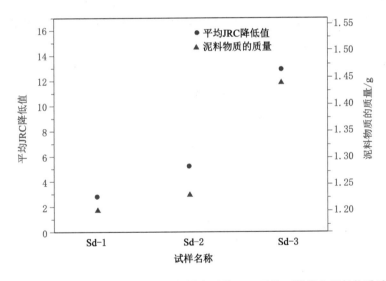

图 4-22　扰动循环幅值下试验后的粗糙度系数 JRC 平均下降值和泥料物质质量

隙面的粗糙度系数 JRC 值是低于 Sd-3 的,试样 Sd-1 和 Sd-2 的裂隙 JRC 值的下降值和产生的泥料物质质量低于试样 Sd-3。这说明裂隙面粗糙度系数 JRC 值越大,产生的泥质材料越多,表面损伤越大。图 4-16 和图 4-17 中,试样 Sd-3 的压力脉冲衰减时间随扰动循环振幅增加的速率明显低于 Sd-1 和 Sd-2 的,试样 Sd-3 的渗透率下降速率明显低于 Sd-1 和 Sd-2 的。由于裂隙泥料物质的产生可能会堵塞流动通道,出现渗流滞后行为,从而影响裂隙渗透率,导致渗透率演化不规则[158]。

　　因此,扰动应力下,粗糙度较大的裂隙表面积会产生更多的泥料物质,从而导致渗透率演化不规则,随着泥质材料的累积,渗透率下降速率变得缓慢。

4.3 静态与扰动应力下渗透率演化对比分析

静态应力和扰动应力下试验前后岩石裂隙渗透性的下降百分比、裂隙面粗糙度系数 JRC 的下降值和产生的泥质材料质量的对比分析,如图 4-23 所示。在粗糙度剖面类型相似的情况下及扰动应力作用下,裂隙试样 Sd-1、Sd-2 和 Sd-3 的渗透率下降幅度大于 35％,而静态应力作用下,裂隙试样 Ss-1、Ss-2 和 Ss-3 的渗透率下降幅度小于 20％;扰动应力下的裂隙试样 Sd-1、Sd-2 和 Sd-3 的粗糙度系数 JRC 下降值大于静态应力下的裂隙试样 Ss-1、Ss-2 和 Ss-3 的下降值。这表明,扰动应力作用下裂隙试样的渗透率下降百分比大于静态应力作用下试样裂隙的,而扰动应力作用下裂隙岩体的粗糙度系数的退化值大于静态应力作用下裂隙试样的。但在渗流试验后,扰动应力作用下采集的裂隙表面泥料物质的质量小于轴向静态应力作用下采集到的,这与泥料物质越多、粗糙度退化越大的情况不同。综上所述,在相似粗糙度剖面类型的情况下,扰动应力作用下的裂隙面的粗糙度退化较大,裂隙岩体的渗透率降低的百分比率比静态应力作用下的大;但是裂隙岩体表面滞留的泥料物质又比静态应力作用下的裂隙岩体表面的少。

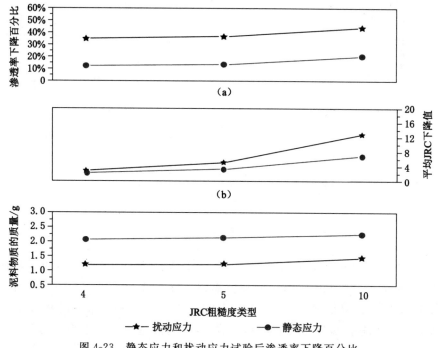

图 4-23 静态应力和扰动应力试验后渗透率下降百分比、
粗糙度系数 JRC 下降值和产生的泥质材料质量对比分析
(横坐标相同)

这些观察到的现象可以用一个考虑了裂隙岩体中泥料物质运移和颗粒动员的渗透演化的概念模型来总结,如图 4-24 所示。由图 4-24(a)可知,在静态应力作用下,泥料物质更容易黏附在岩体裂隙表面。当轴向静态应力增大时,压实在裂隙面之间的泥料物质会封闭孔隙,从而减缓了裂隙岩体渗透率的降低速率[图 4-24(c)]。然而,在扰动应力作用下,泥料物质逐渐迁移到裂隙微凸体(或孔喉)之间,如图 4-24(b)所示。在扰动应力幅值增加的过程中,最初堵塞在裂隙微凸体之间(或孔喉内)的泥料物质被冲刷,产生了扰动应力作用下裂隙岩体渗透率的下降幅度比静态应力作用下裂隙岩体渗透率的下降幅度大的现象[图 4-24(d)]。一般情况下,在更强烈的扰动冲击应力作用下,裂隙岩体中粗糙裂隙面产生的泥料物质更容易发生物质运移及颗粒动员,从而导致扰动应力作用下裂隙岩体的渗透率下降幅值大于静态应力作用下裂隙岩体渗透率的下降幅值。

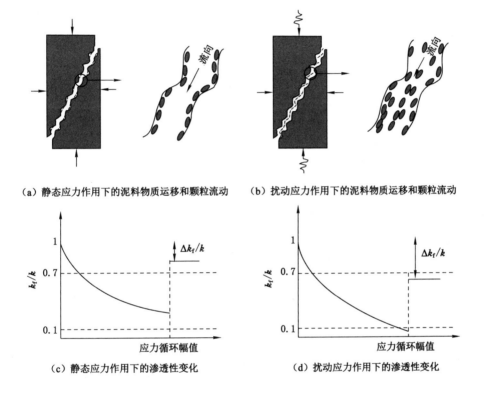

（a）静态应力作用下的泥料物质运移和颗粒流动　　　（b）扰动应力作用下的泥料物质运移和颗粒流动

（c）静态应力作用下的渗透性变化　　　（d）扰动应力作用下的渗透性变化

图 4-24　裂隙泥料物质运移和颗粒动员的渗透演化概念模型

4.4　本章小结

　　首先制备了 4 组含有不同粗糙度裂隙面的裂隙试样,利用三维扫描仪对试验前后裂隙岩体试样的表面进行扫描测量,分析了裂隙粗糙度的变化规律和产生泥料物质质量的变化情况,研究了粗糙面对裂隙岩体渗透率演化的影响。其次进行了静态应力(常规三轴应力)和扰动循环应力(逐级循环应力)条件下的两组渗流试验,为了消除静态应力和扰动应力下裂隙面的影响,两组试验中选取的裂隙岩体试样的裂隙剖面类型一致。对比分析了渗流试验前后裂隙粗糙度的变化和产生泥料物质质量,并据此分析了静态应力和扰动应力作用下试验过程中裂隙岩体产生的泥料物质运移和颗粒动员对裂隙岩体渗透率演化的影响机理;研究了静态应力(常规三轴应力)和扰动循环应力(逐级循环应力)条件下粗糙裂隙岩体渗透率演化规律。本章的主要研究结果可以总结如下。

(1)粗糙度系数 JRC 值为 1.1 的光滑裂隙岩体的渗透性随循环次数的增加而增大,而粗糙度系数 JRC 值为 9.32、11.27 和 17.14 的裂隙岩体试样的渗透率随循环次数的变化随之呈下降趋势。粗糙度系数 JRC 值为 1.1 的锯切裂隙岩体的轴向位移为 1~2.6 mm,而粗糙度系数 JRC 值分别为 9.32、11.27 和 17.14 时,粗糙裂隙岩体的轴向位移均小于 0.6 mm。结果表明,当裂隙表面相对光滑时,轴向滑动位移随循环次数的增加而增加,具有提高裂隙岩体渗透率的潜力;当裂隙面较粗糙时,轴向滑动位移随循环次数增加变化较小,不足以引起裂隙岩体滑动,裂隙岩体的渗透率随着扰动循环加载次数增加而降低。

(2)粗糙度系数 JRC 为 1.1 的光滑裂隙岩体的渗透率基本恢复,恢复稳定时间为 134 s。粗糙度系数 JRC 为 9.32、11.27 和 17.14 的粗糙裂隙的渗透率恢复率分别为 76%、74% 和 68%,仅部分恢复。渗透率恢复时间分别为 610 s、670 s 和 1 000 s。光滑裂隙岩体由于粗糙接触而使轴向变形恢复迅速,渗透率恢复最大。相比之下,由于泥料物质滞留在裂隙表面,堵塞了流动通道,较粗糙的裂隙岩体的渗透性只有部分恢复,且渗透率恢复时间较长。结果表明,裂隙岩体的粗糙度越大,渗透率恢复速率越低,渗透率的恢复时间越长。

(3)粗糙度系数 JRC 为 1.1 光滑裂隙岩体 JRC 值增加了 0.55,最大粗糙高度增加 0.385 mm;粗糙度系数 JRC 值为 9.32 和 11.27 的粗糙裂隙岩体 JRC 值分别减少了 4.34 和 5.26,最大粗糙高度分别减少了 0.493 mm 和 0.681 mm。JRC 值为 17.14 的非常粗糙的裂隙岩体的 JRC 值有较大的下降幅度,降低 8.22,最大粗糙高度降低 1.221 mm。这意味着,在测试过程中,起伏度高、粗糙度系数 JRC 值较大的岩体裂隙的表面会发生更多的退化。

(4)粗糙度系数 JRC 值为 1.1 的光滑裂隙在渗透率试验后上升了 0.55,而 JRC 值为 9.32、11.27 和 17.14 的粗糙裂隙分别下降 4.34、5.26 和 8.22。粗糙度系数 JRC 值为 1.1、9.32、11.27 和 17.14 的岩石裂隙产生的泥料物质的质量分别为 0.84 g、2.05 g、2.16 g 和 2.49 g。结果表明,随着岩石裂隙表面粗糙度的增加,粗糙度系数 JRC 值和泥料物质的质量变化较大。粗糙度系数 JRC 值下降越大,岩石裂隙中产生的凿岩泥料物质就积累越多,导致渗透率恢复程度降低,恢复时间延长。

(5)在扰动应力条件下,岩石试样 Sd-1 和 Sd-2 轴向位移均小于试样 Sd-3,但岩石试样 Sd-1 和 Sd-2 的渗透率均大于试样 Sd-3。事实上,岩石试样 Sd-1 和 Sd-2 裂隙面的粗糙度系数 JRC 的初始值小于试样 Sd-3。在静态应力作用下出现相似的现象,即岩石试样 Ss-1 和 Ss-2 的渗透率和轴向位移变化相似,而岩石试样 Ss-3 的渗透率下降缓慢,轴向位移增加较大。轴向动应力与轴向静应力渗透率试验的轴向位移均小于 1 mm,裂隙岩体未受到破坏。这说明在相同的应力条件下,当轴向位移不足以引起破裂岩的滑动时,裂隙表面的粗糙度对渗透率的影响较大。

(6)在扰动应力作用下,岩石试样 Sd-1 和 Sd-2 的粗糙度系数 JRC 初始值降幅小于试样 Sd-3,且岩石试样 Sd-1 和 Sd-2 裂隙产生的泥料物质质量小于试样 Sd-3。在静态应力作用下出现相似的现象。结果表明,在相同的应力条件下,粗糙度较大的裂隙表面积会产生更多的泥料物质,从而导致渗透率演化不规则,随着泥质材料的累积,渗透率下降速率变得缓慢。

（7）静态应力和扰动应力作用下渗透率演化机理可以用一个考虑了断层裂隙泥料物质运移和颗粒动员的渗透演化的概念模型来总结。研究结果表明：在相似粗糙度剖面类型的情况下，扰动应力作用下裂隙面的粗糙度退化较大，岩体裂隙的渗透率降低百分比较静态应力作用下的大。但岩体裂隙表面滞留的泥料物质比静态应力作用下的岩体裂隙表面的少。这说明扰动应力作用下，岩体裂隙表面更容易发生泥料物质运移和颗粒动员，导致扰动应力作用下的裂隙岩体渗透率的下降幅值大于静态应力作用下的裂隙岩体渗透率的下降幅值。

第5章 扰动应力下裂隙岩体的渗透演化模型

本章在 MTS815 岩石力学测试系统上进行了扰动应力下锯切裂隙岩体的渗透率试验。试验过程中循环加载频率和循环振幅为自变量。研究了循环加载频率和循环振幅对裂隙岩体的轴向位移和渗透率演化的影响。通过分析不同循环加载频率和循环振幅下裂隙岩体渗透率演化的试验数据，建立了扰动应力条件下裂隙岩体的渗透率演化模型。

5.1 裂隙岩体滑动位移周期性变化

为了比较不同循环加载频率下的结果，在每个循环加载频率下的滑动周期中，法向应力的发展几乎是相同的。图 5-1 描述了不同循环振幅条件下，通过改变循环加载频率得到滑动位移随时间变化的情况。可以看出，裂隙岩体的轴向位移随时间呈正弦变化，且轴向位移随着法向应力振幅的增大而增大。随着循环加载频率的增加，轴向位移的稳定周期变小。在稳定阶段，每个周期的法向位移和法向应力的最大值和最小值几乎是恒定的。在相同的循环幅值下增加循环加载频率会导致轴向位移幅值减小，即峰值滑动位移随循环加载频率的增加而减小。

由图 5-1(a)可知，在 10 kN 循环振幅下，频率为 0.25 Hz 时，轴向位移范围为 $-5 \sim 7.3(\times 10^{-2} \text{ mm})$。当频率增加到 0.5 Hz 时，轴向位移范围为 $-4 \sim 7$（$\times 10^{-2} \text{ mm}$）。频率持续增加至 0.75 Hz，轴向位移范围减小至 $-4 \sim 6$（$\times 10^{-2} \text{ mm}$）。当频率增加到 1 Hz 时，轴向位移范围相对于 0.75 Hz 没有变化。频率从 1 Hz 增加到 1.25 Hz 时，轴向位移范围为 $-5 \sim 5$（$\times 10^{-2} \text{ mm}$）。当频率增加到 1.5 Hz 和 1.75 Hz 时，轴向位移范围没有1.25 Hz 时的大。

由图 5-1(a)还可知，在 10 kN 循环振幅下，1 Hz 到 1.25 Hz 的滑动位移的变化大于其他扰动循环加载频率下的。在图 5-1(c)所示的 30 kN 循环振幅下观察到相似现象。但在图 5-1(b)所示的 20 kN 循环振幅下，滑动位移在 0.25 Hz 到 0.5 Hz 之间的变化大于其他扰动频率滑动阶段。从图 5-1(d)中也可以观察到这种现象。

图 5-2 表示频率为 1 Hz 的不同循环振幅下滑动位移随时间变化的规律。滑动位移随循环法向应力叠加而周期性变化，滑动位移随循环振幅的增大而增大。在稳定阶段，每个周期的轴向位移和法向应力的最大值和最小值几乎是恒定的。由图 5-2 可知，在 10 kN 循环振

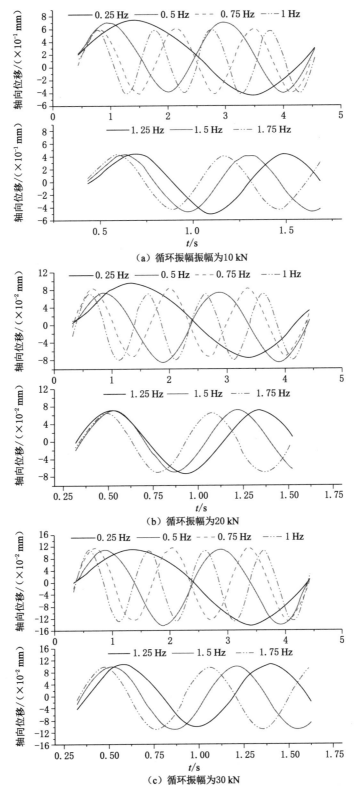

（a）循环振幅振幅为10 kN

（b）循环振幅为20 kN

（c）循环振幅为30 kN

图 5-1　不同循环振幅下循环加载频率、轴向位移与时间的关系

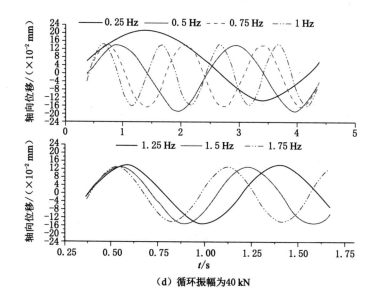

（d）循环振幅为40 kN

图 5-1 （续）

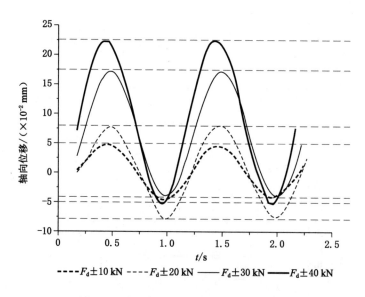

图 5-2 循环振幅、轴向位移与时间的关系

（F_d 表示循环振幅，下同）

幅下,滑动位移的范围为 $-5\sim5(\times10^{-2}\,mm)$。当循环振幅增大至 20 kN 时,轴向位移范围为 $-8\sim8(\times10^{-2}\,mm)$。循环幅值持续增大至 30 kN,轴向位移范围增大至 $-4\sim17\ (\times10^{-2}\,mm)$。当循环振幅增大到 40 kN 时,轴向位移范围为 $-5\sim23\ (\times10^{-2}\,mm)$。循环振幅的增大导

致轴向位移幅值的增大,即峰值滑动位移随着循环幅值的增大而增大。这很好地解释了应变幅值随动态法向应力幅值的增大而增大,并倾向于在潮汐应力幅值最大时刻附近发生特大地震的现象[159]。

在许多情况下,裂隙滑动时的力学特性决定了岩体的稳定性。由图 5-2 可知,滑动位移随动力法向应力叠加而发生周期性变化,滑动位移随着动态法向应力幅值的增大而增大。但从图 5-2 中可以看出,滑动位移随动力法向应力叠加而发生周期性变化,但滑动位移随频率的增加而减小,这与不同频率动态条件下的传统观点相冲突。

5.2　循环加载频率对裂隙岩体渗透率的影响

图 5-3 所示为不同循环振幅下裂隙岩体的渗透率和轴向位移随循环加载频率变化的规律。由图 5-3(a)可以看出,在 0.25 Hz 处裂隙岩体的渗透率值大于 0.5 Hz 处裂隙岩体的渗透率值,另外三组不同循环振幅下裂隙岩体的渗透率演化[如图 5-3(b)(c)(d)所示]也有相同的趋势。在一定的循环振幅下,初始循环加载频率下裂隙岩体的渗透率首先急剧下降,然后随着循环加载频率的增加逐渐上升。每组循环振幅下渗透率最低值出现的循环加载频率各不相同,似乎是扰动应力的高应力幅值(30 kN 和 40 kN)加剧了渗透率的降低。当循环加载频率达到最高时,裂隙岩体的渗透率达到最大值,除在循环振幅为 40 kN 时,循环加载频率为 0.25 Hz 时裂隙岩体渗透率较大之外。这可以解释为较高循环振幅下岩石裂隙接触破坏产生的附加流体流动通道导致了的裂隙渗透率增加[89]。

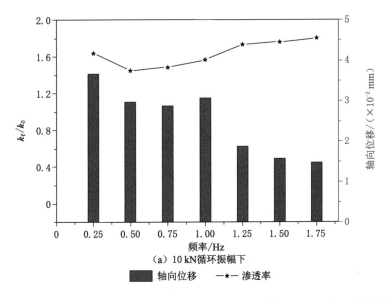

（a）10 kN 循环振幅下

■ 轴向位移　　—★— 渗透率

图 5-3　10 kN、20 kN、30 kN 和 40 kN 循环振幅下,不同循环加载频率下裂隙岩体的渗透率演化及轴向位移(循环试验后的渗透率 k_f 由循环试验前的渗透率 k_0 归一化)

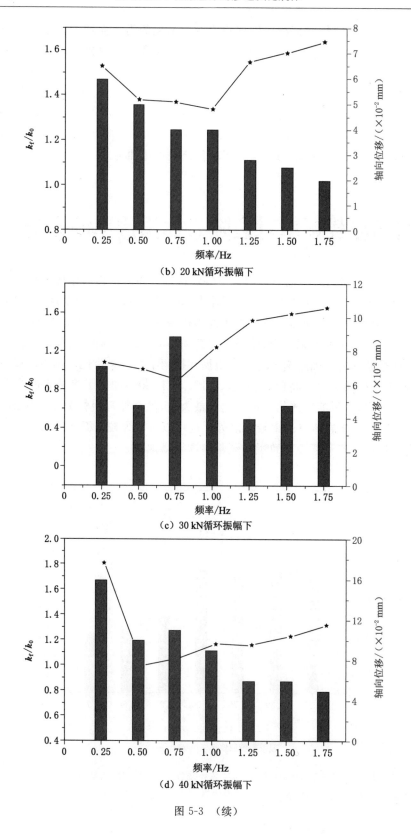

（b）20 kN循环振幅下

（c）30 kN循环振幅下

（d）40 kN循环振幅下

图 5-3 （续）

很明显,扰动应力下循环加载频率对裂隙岩体的变形有贡献。循环振幅相同条件下的轴向位移随循环加载频率的增加总体呈现稳定的下降趋势。而在 30 kN 的循环振幅下[图 5-3(c)],裂隙岩体的轴向位移在 0.75 Hz 附近增加,随后随着频率的变化裂隙岩体的渗透率出现波动。其他三组循环振幅在 0.25 Hz 频率下有了最大的轴向位移。这种不规则的变化可能是由于泥料物质的产生。从图 5-4 中可以看出,在裂隙滑动过程中,岩石裂隙面被不断磨损,表面上的粗糙颗粒被碾碎成细粉,形成泥料物质[94]。当岩石材料在较强的多重扰动应力冲击作用下被碾碎后,容易发生泥状物质的运移,其频率越高,越容易发生泥状物质运移。这种观察到的泥状物质的产生可能会导致滞后行为,堵塞渗流通道,从而增加或降低裂隙截面的渗透率,并导致渗透率不规则[158]。

　　(a) 测试前岩石裂隙面　　　　　　　　(b) 试验后磨损的岩石裂隙面

图 5-4　试样试验前与试验后裂隙面对比

由图 5-5 可知,裂隙岩体的渗透率也随轴向位移的变形而变化。当最小轴向位移为 1.3×10^{-2} mm 时,渗透率最高,这与渗透率一般随轴向位移的增大而减小的概念基本一致。然而,在图 5-5 中这一趋势出现异常波动,10 kN 时渗透率从位移 3×10^{-2} mm 迅速上升到位移 4×10^{-2} mm,30 kN 时渗透率从位移 4×10^{-2} mm 到位移 5×10^{-2} mm 波动较大。合理的解释是裂隙滑动过程中泥料物质的堆积导致渗透率发生较大变化。

一般来说,轴向位移的变化抵消了渗透率的变化。其原因可能是随着轴向位移的减小,轴向变形的减小扩大了裂隙的孔径,形成了更多的流动通道。另一个原因是裂隙岩体的渗透率随滑动位移的变化而下降,沿岩石裂隙面的凹凸边向下滑动。岩石裂隙面滑移过程中产生的泥料物质能强烈抵消滑动引起的渗透率增长[160]。Fang 等也得到了类似的观察结果,他们发现在此背景下,裂隙岩体的渗透率随着滑动距离的增加而稳步下降[161]。滑动速度的上升会引起渗透率的短暂但很小的增长,而这一增长很快被渗透率下降的趋势所抑制。但滑动位移随频率的变化趋势与试验结果相反[122]。Liu 等[22]所施加的不是轴向应力随时间变化,而是轴向应变随时间变化关系;本书采用的是轴向应力随时间变化关系,而渗透率随岩石裂隙位移的变化与他们报道的结果吻合较好。因此,值得指出的是,在锯形裂隙中,渗透率随着轴向位移的增大而下降。同样,试验结果表明,总体上,裂隙岩体的轴向位移随频率的增加而减小,而渗透率随频率的增加而增大;随频率的增加,渗透率的增量逐渐减小。

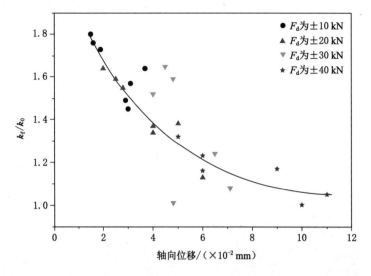

图 5-5　不同循环振幅下裂隙岩体的渗透率随轴向位移变化的规律

5.3　循环振幅对裂隙岩体渗透率的影响

　　裂隙岩体的渗透率与施加的循环振幅有很强的相关性。从图 5-6 中可以看出,总体上,随着循环振幅的增大,不同循环加载频率下的渗透率都出现了明显的下降。例外情况是频率为 0.25 Hz 时,随着循环振幅从 10 kN 增加到 30 kN,裂隙岩体的渗透率急剧下降了30%,但随后出现了几乎两倍的增长。由于在循环振幅为 40 kN 的情况下,在 0.25 Hz 的频率处有很强的滑动特性,所以渗透率得到大大提高。在 0.75 Hz 的频率上也会出现类似的现象。应当指出,裂隙岩体渗透率的下降并不完全对应频率的下降。特别是在 0.25 Hz 的频率中,其裂隙岩体的渗透率的增强甚至高于 1 Hz 条件下的。这可能是由于在试验前裂隙中存在砾石颗粒,然后第一次周期性滑动(0.25 Hz 处)大大提高了裂隙岩体的渗透率。然而,较高循环加载振幅下的裂隙岩体渗透率的增大是有限的,直至频率提高到 1.25 Hz,裂隙岩体的渗透率以较大速率增加。当循环振幅大于 30 kN 时,低频率(0.25 Hz、0.5 Hz 和0.75 Hz)加载后的渗透率增加幅度小于 10%。在低频率条件下,随着循环振幅的增大,裂隙岩体很容易被压缩,从而降低了渗透率的增加幅度。

　　不同循环振幅下的轴向位移随频率的变化特征如图 5-7 所示。循环振幅越大,轴向位移越大。考虑到随着循环振幅的增大,裂隙岩体的压缩变形增大,同时裂隙宽度的减小削弱了裂隙岩体的渗透性。这些结果与早期的研究结果相吻合,即在应力增长阶段,渗透率随着滑动位移的增加而急剧下降。这说明,小幅度的循环振幅扰动可以减弱滑动变形,提高裂隙岩体的渗透率。这就可以解释较小的动态应变能够通过地震引发的应力波增加裂隙岩体的渗透率,从而严重地破坏受载荷区断层的稳定性[112],而裂隙岩体系统中的渗透性则由于区域地震波中的小应力而显著增加[162]。裂隙岩体渗透率的变化与 Elkhoury 发现的裂隙岩体渗透率的结果相似,发现断裂带裂隙岩体的渗透率随着附加瞬态应力的增加而减小[122]。

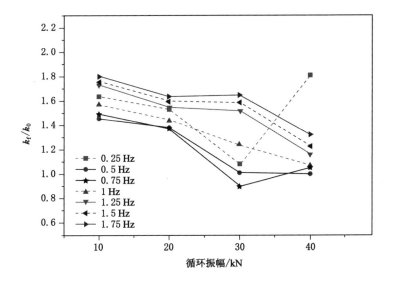

图 5-6　不同循环加载频率下裂隙岩体的渗透率随循环振幅的演化特征

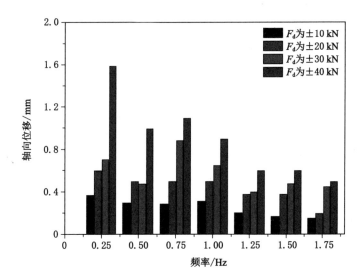

图 5-7　轴向位移随循环振幅变化的特征

5.4　扰动应力下裂隙岩体渗透率的预测模型

渗透率的演化依赖于应力是裂隙岩体的主要特征之一[84,94]。关于有效正应力作用下的渗透率方程在一些文献中得到了广泛的论证。然而,裂隙岩体的渗透率随着扰动应力变化的方程却鲜有报道。考虑循环加载频率系数和循环振幅系数,建立了扰动循环应力作用下的裂隙岩体渗透率方程,并对试验数据进行了拟合,从而验证了方程的准确性。

以往的研究表明,裂隙岩体渗透率的变化取决于有效应力,有效应力可以描述为指数函数[81]:

$$k = k_0 e^{(-\beta_\alpha a)} \tag{5-1}$$

式中 σ——有效应力;

k_0——裂隙岩体初始渗透率;

a——幂函数的指数;

α, β——应力敏感系数。

但是,上述模型局限于静态条件下,没有考虑扰动作用下的循环加载幅值和循环加载频率的影响。这里,将裂隙有效正应力作用关系式(5-2)代入传统渗透率模型式(5-1),得到扰动循环载荷作用下改进后的裂隙岩体渗透率表达式:

$$k_f = k_0 e^{\left\{-\beta\left[(\sigma_3 - P_m) + \left(\frac{F_{sm} + F_d(1+\sin(2\pi ft))}{A_1}\right) - \sigma_3\right) \sin^2\theta\right] a\right\}} \tag{5-2}$$

对比裂隙岩体的渗透率传统模型式(5-1)和改进后裂隙岩体的渗透率模型式(5-2),裂隙岩体的渗透率演化随循环加载频率和循环加载幅值的拟合曲线见图5-8和图5-9。显然,裂隙岩体有效应力作用下传统模型和改进模型的渗透率演化与动态循环加载应力频率的相关系数差别不大(图5-8)。相比之下,传统模型的裂隙岩体渗透率演化与扰动循环幅值的相关系数大于改进模型的(图5-8)。由图5-9可以看出,裂隙岩体有效应力作用下传统模型的拟合曲线与测试数据的偏差较大,测试数据的相关拟合系数很低。这表明,裂隙岩体渗透率的传统模型不适用于描述扰动循环载荷下裂隙岩体的渗透率与循环振幅之间的关系。由改进后的裂隙岩体的渗透率模型式(5-2)可以得到平均相关系数大于0.87。因此,裂隙岩体渗透率随循环幅值的变化符合改进后的模型式(5-2),而不符合渗透率演化传统模型式(5-1)。图5-10描述了改进后的渗透率模型三维拟合结果,从中可以看出,裂隙岩体渗透率随着循环加载频率的增加而增大,随着循环加载振幅的增加而减小。这说明在裂隙岩体中,扰动循环振幅越小和循环加载频率越高,越有可能提高裂隙岩体的渗透率。

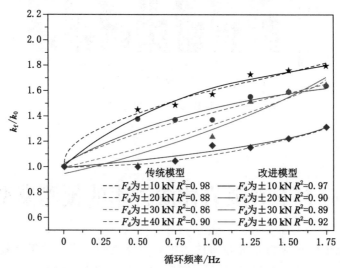

图 5-8 采用传统渗透率模型式(5-1)和改进渗透率模型式(5-2)拟合的
试验渗透率随着循环频率变化的曲线

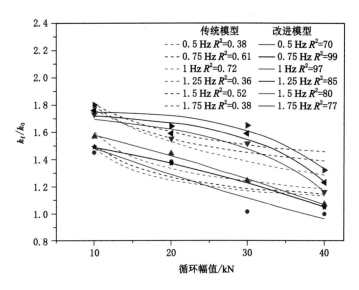

图 5-9 采用传统渗透率模型式(5-1)和改进渗透率模型式(5-2)
拟合的试验渗透率随着循环振幅变化的曲线

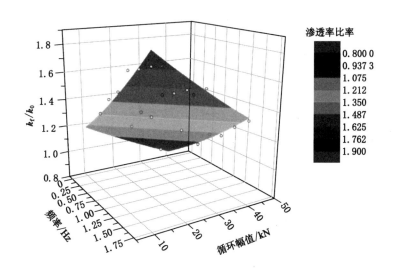

图 5-10 改进后的裂隙岩体渗透率模型三维拟合

5.5 本章小结

在 MTS815 岩石力学测试系统上进行了扰动应力作用下光滑裂隙岩体的渗透率试验,试验过程中循环加载频率和循环振幅为自变量。分析了裂隙岩体滑动位移周期性变化,研究了循环加载频率和循环振幅对裂隙岩体的轴向位移和渗透率演化的影响。通过与准静态函数的比较,发现在循环轴向应力作用下渗透率的变化趋势并不完全对应,需要考虑循环加载频率和循环振幅系数,建立了扰动应力条件下裂隙岩体的渗透率演化模型。本章的主要发现可以总结如下。

（1）循环周期的轴向位移随时间呈正弦变化,稳定周期的轴向位移随循环加载频率的增加而减小。随着循环加载频率的增加,轴向位移的稳定周期变短。在相同的循环振幅下增加循环加载频率会导致轴向位移幅值的减小,即峰值滑动位移随循环加载频率的增加而减小。研究了不同循环扰动应力振幅下裂隙岩体滑动位移的结果,对比分析了频率为 1 Hz 时的动态法向应力不同幅值下滑动位移随时间变化的规律。结果表明,滑动位移随循环振幅应力叠加而呈周期性变化,滑动位移随循环振幅的增大而增大。

（2）循环加载频率对裂隙岩体渗透率有影响。轴向位移随着循环加载频率的增加而增加。初始循环加载频率的施加极大地提高了裂隙岩体的滑动行为,随着循环加载频率的增加,轴向位移的增加速率逐渐减小。而这种趋势可能会因裂隙滑动过程中产生的泥料物质而出现波动,在裂隙滑动过程中,裂隙泥质材料物质被运输,从而形成更多的流动通道。这一特性也解释了随着循环加载频率增加裂隙岩体渗透率下降的现象。但是,在相同循环加载振幅下(振幅为 40 kN 的情况除外),裂隙岩体的渗透率先下降后上升到最大值,这可能是由于泥料物质的运移堵塞导致了试验后裂隙岩体的渗透率不规则。

（3）裂隙岩体的渗透率与施加的循环振幅有很强的相关性。随着循环振幅的增大,不同循环加载频率下的渗透率都出现了明显的下降趋势。这是因为随着循环振幅的增大,裂隙岩体的压缩变形增大,同时裂隙宽度的减小削弱了岩石的渗透性。

（4）准静态裂隙岩体渗透率演化函数不能完全对应扰动应力下的渗透率演化,应考虑循环加载频率系数和循环振幅系数。通过分析不同循环加载频率和循环振幅下裂隙岩体渗透率演化的试验数据,建立了循环轴向载荷作用下的渗透率方程。结果表明,循环振幅较小和循环加载频率较高的情况下,具有提高裂隙岩体渗透性的潜力。

第 6 章　扰动应力下裂隙岩体的稳定性分析

本章基于传统裂隙岩体失稳准则,考虑扰动应力下循环振幅和循环加载频率系数,建立扰动应力下岩体失稳准则;结合扰动应力下岩体失稳准则和裂隙岩体渗透率演化模型,研究裂隙岩体稳定性系数及渗透率演化,探讨裂隙岩体稳定性特征。

6.1　裂隙岩体变形失稳特征

传统判断裂隙岩体失稳的示意图如图 6-1 所示。一般情况下,裂隙岩体具有相应的强度以保持其稳定性,随着轴向主应力增加而减小,从而出现位移滑动现象。当保持加载位移不变时,渗流水压力的增大使得裂隙岩体的强度降低,从而造成裂隙岩体的滑移失稳现象。可以看出,施加偏应力和增加渗透水压均会引起裂隙岩体的变形失稳,该失稳机理可由 B-B 剪切模型来判定:

$$\tau_{\max} = \sigma'_{\mathrm{n}} \tan\left(\mathrm{JRClg}\frac{\mathrm{JCS}}{\sigma_{\mathrm{n}}} + \varphi\right) \tag{6-1}$$

式中　$\tau_{\max}$——岩体裂隙面失稳的临界剪切应力(剪切强度);

σ'_{n}——岩体裂隙面的有效法向应力;

φ——内摩擦角;

JRC——裂隙面粗糙度系数;

JCS——裂隙面的单轴压缩强度。

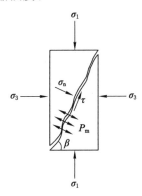

图 6-1　传统裂隙岩体受力失稳示意图

按照结构特征及受力情况，裂隙面的倾角为 β，岩石外部最大主应力为 σ_1，最小主应力为 σ_2，内部水压力为 P_m，则作用在裂隙面上的法向应力 σ_n 和剪切应力为：

$$\sigma_n = \frac{1}{2}(\sigma_1 + \sigma_3) + \frac{1}{2}(\sigma_1 - \sigma_3)\cos 2\beta - P_m \qquad (6\text{-}2)$$

$$\tau = \frac{1}{2}(\sigma_1 - \sigma_3)\sin 2\beta \qquad (6\text{-}3)$$

裂隙面不产生剪切滑移的条件为：

$$\tau \leqslant \tau_{max} \qquad (6\text{-}4)$$

$\tau \leqslant \tau_{max}$，表示岩体稳定；$\tau > \tau_{max}$ 表示裂隙岩体会发生失稳。由此可得：

$$\sigma_1 \leqslant \sigma_3 + \frac{2(\sigma_3 - P_m)\tan(\text{JRClg}\dfrac{\text{JCS}}{\sigma_n} + \varphi)}{(1 - \tan\varphi\cos\beta)\sin 2\beta} \qquad (6\text{-}5)$$

因此，根据传统判断裂隙岩体的失稳准则，裂隙岩体的稳定系数可表示为：

$$F = \sigma_3 + \frac{2(\sigma_3 - P_m)\tan(\text{JRClg}\dfrac{\text{JCS}}{\sigma_n} + \varphi)}{(1 - \tan\varphi\cos\beta)\sin 2\beta} - \sigma_1 \qquad (6\text{-}6)$$

由此可知，裂隙岩体的稳定系数 F 由裂隙岩体所受最大主应力为 σ_1、最小主应力为 σ_3、水压力 P_m、内摩擦角 φ 和裂隙倾角 β 等共同决定。由于裂隙岩体的宏观裂隙的倾角 β 和内摩擦角 φ 都为定值，故最大主应力 σ_1、最小主应力 σ_3、水压力 P_m 和粗糙度系数 JRC 都是判断裂隙岩体失稳的关键因素。

然而，扰动循环加载应力作用下的裂隙岩体受力的失稳机理如图 6-2 所示，岩体所受最大主应力可表示为：

$$\sigma_1 = \frac{F_{sm} + F_d(1 + \sin(2\pi ft))}{A_1} \qquad (6\text{-}7)$$

式中　A_1——裂隙面的横截面积。具体参数同前。

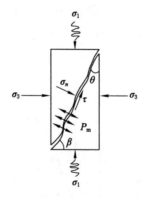

图 6-2　扰动作用下裂隙岩体受力失稳示意图

岩体裂隙面的有效法向应力可表示为：

$$\sigma_n = (\sigma_3 - P_m) + (\sigma_1 - \sigma_3)\sin^2\theta$$
$$= (\sigma_3 - P_m) + \left(\frac{F_{sm} + F_d(1 + \sin(2\pi ft))}{A_1} - \sigma_3\right)\sin^2\theta \qquad (6\text{-}8)$$

式中　θ——裂隙面与轴向应力的夹角,是裂隙倾角 β 的余角。

裂隙面的剪切应力为:

$$\tau = \frac{1}{2}\left(\frac{F_{sm} + F_d(1 + \sin(2\pi ft))}{A_1} - \sigma_3\right)\sin 2\theta \tag{6-9}$$

扰动应力作用下的裂隙岩体失稳准则为:

$$\frac{F_{sm} + F_d(1 + \sin(2\pi ft))}{A_1} \leqslant \sigma_3 + \frac{2(\sigma_3 - P_m)\tan(JRC\lg\dfrac{JCS}{\sigma_n} + \varphi)}{(1 - \tan\varphi\tan\theta)\sin 2\theta} \tag{6-10}$$

由此可知,扰动应力作用下判断裂隙岩体失稳的关键因素更多,包括扰动循环静载 F_{sm}、循环加载幅值 F_d、循环加载频率 f、最小主应力 σ_3、水压力 P_m 及粗糙度系数 JRC 等。

因此,根据扰动应力作用下的失稳准则,裂隙岩体的稳定系数可表示为:

$$F = \frac{2(\sigma_3 - P_m)\tan(JRC\lg\dfrac{JCS}{\sigma_n} + \varphi)}{(1 - \tan\varphi\tan\theta)\sin 2\theta} - \frac{F_{sm} + F_d(1 + \sin(2\pi ft))}{A_1} \tag{6-11}$$

传统静态应力作用下,从失稳的式(6-6)可知,最大主应力 σ_1、最小主应力 σ_3 及水压力 P_m 可判断裂隙岩体的稳定性。但是扰动应力作用下,考虑扰动循环叠加关系及影响因素较多,较难判断裂岩体稳定性。因此,本章下一节将结合裂隙岩体渗透率演化模型进行岩体稳定性分析。

6.2　扰动应力下裂隙岩体的稳定性分析

以第 5 章节中裂隙岩体为例,岩体水压为 1 MPa,准静态应力为 33 MPa,周四面受到 5 MPa 侧压作用,施加 0.5 Hz、1 Hz、1.5 Hz、2 Hz、2.5 Hz 和 3 Hz 的 6 个加载频率,逐渐循环加载幅值为 5 MPa、10 MPa、15 MPa、20 MPa 及 25 MPa,从而判断该裂隙岩体的稳定性。利用传统失稳准则式(6-6)及扰动应力作用下的裂隙岩体失稳准则式(6-11)可以计算出裂隙岩体稳定系数与粗糙度系数之间的关系。

图 6-3 表示传统失稳准则和扰动应力失稳准则条件下裂隙岩体的稳定系数与粗糙度系数 JRC 之间的关系。其结果表明:传统失稳准则下的稳定系数随着岩体裂隙面粗糙度系数 JRC 增加几乎呈线性增长,而扰动应力失稳准则下的稳定系数随着粗糙度系数 JRC 增加呈现非线性递增趋势。当 JRC 在 0～16 范围内,扰动应力失稳准则下的裂隙岩体稳定系数随粗糙度系数 JRC 缓慢增大;当 JRC 大于 16 时,稳定系数迅速增大。而根据本书中第 4 章三维激光扫描的岩石裂隙面可知,自然界中裂隙岩体表面粗糙度系数在 16 以下较多。扰动应力失稳准则下的粗糙度系数 JRC 对裂隙岩体稳定系数影响范围在 0～2 之间。而传统失稳准则下,当粗糙度系数 JRC 增大到 16 时,裂隙岩体稳定系数达到 7。在此裂隙岩体中,利用传统失稳准则扩大了粗糙度系数 JRC 对裂隙岩体稳定性的影响。因此,用扰动应力失稳准则分析裂隙岩体稳定性更符合工程实际。

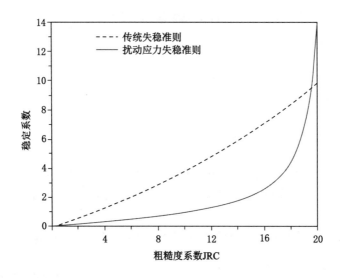

图 6-3 传统失稳准则和扰动应力失稳准则下裂隙岩体稳定系数与粗糙度系数之间的关系

图 6-4 表示裂隙岩体的稳定系数、扰动循环振幅与扰动加载频率之间的关系。其结果表明,在所有循环加载频率下,稳定系数随着扰动循环加载幅值增加而呈现非线性递减趋势。在加载频率为 2.5 Hz 时,随着扰动循环加载幅值的增加,裂隙岩体稳定系数开始以较大速度快速减小;当扰动循环应力幅值增大至 15 MPa,裂隙岩体稳定系数减小速度开始变缓;当动循环载荷幅值达到扰动循环载荷幅值最大值 25 MPa 时,稳定系数从 30 降低到 5。如果继续增加扰动循环载荷振幅,岩体稳定系数小于 0,则裂隙岩体会发生失稳破坏。随着扰动循环加载频率的增加,裂隙岩体稳定系数-扰动循环应力幅值曲线越来越陡。当循环加载频率小于 2.5 Hz 时,扰动循环载荷幅值达到扰动循环载荷幅值最大值 25 MPa 时,稳定系数大于 5,裂隙岩体处于稳定状态;当循环加载频率为 3 Hz 时,扰动循环荷载幅值未达到 25 MPa 时,岩稳定系数减小到 0,增加至 25 MPa,岩稳定系数小于 0,则裂隙岩体会发生失稳破坏。当扰动应力幅值为 25 MPa,即裂隙岩体的最大偏应力为峰值应力的 57% 时,裂隙岩体稳定系数小于 0,裂隙岩体失稳。因此,基于失稳准则判断裂隙岩体稳定性时,施加扰动应力幅值的最大偏应力小于峰值应力的 57%,扰动循环加载频率小于 3 Hz,裂隙岩体处于稳定状态。

图 6-5 表示裂隙岩体的渗透率演化规律、扰动循环振幅及循环加载频率之间的关系。在所有循环加载频率下,裂隙岩体的渗透率随着扰动循环应力振幅的增加而呈现指数递减趋势。当加载频率为 0.5 Hz 时,随着扰动循环加载幅值的增加,裂隙岩体渗透率开始以较大速度快速减小;当扰动循环应力幅值增大至 15 MPa,裂隙岩渗透率减小速度开始变缓;当扰动循环振幅达到扰动循环载荷幅值最大值 25 MPa 时,渗透率降低到 10% 以下,即降低了一个数量级。当循环振幅为 5 MPa 时,所有加载频率下的裂隙岩体渗透率降低值都在 50% 以上。当裂隙岩体渗透率降低值较小时,裂隙岩体更容易发生突水坍塌灾害。

扰动应力作用下,随着扰动循环载荷幅值的增加,裂隙岩体更易发生滑移等失稳现象,而渗透率却逐渐减小。这主要是因为在扰动循环应力作用下,随着裂隙面粗糙度的退化,其间会造成裂隙开度变化。可采用 Barton 所提出的经验公式[163-165]表示裂隙开度与裂隙面

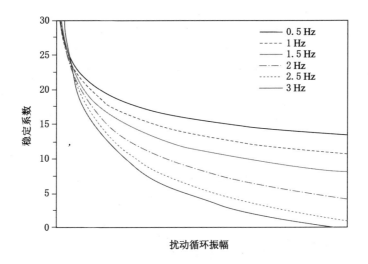

图 6-4　扰动应力下裂隙岩体稳定系数、扰动循环加载频率及扰动循环振幅之间的关系

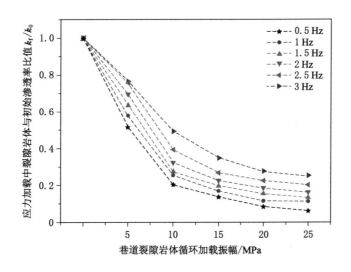

图 6-5　扰动应力下裂隙岩体渗透率随着加载振幅的演化特征

粗糙度系数之间的关系：

$$e_0 = \frac{\mathrm{JRC}}{5}\left(\frac{0.2\sigma_c}{\mathrm{JCS}} - 0.1\right) \qquad (6\text{-}12)$$

　　由式(6-12)可知,裂隙开度随着粗糙度退化而减小,随着裂隙面磨损产生滑动行为,裂隙岩体所产生的泥料物质随着物质运移及颗粒动员等会堵塞部分渗流通道,使得裂隙的渗透率减小,如图 6-6 所示。但是宏观裂隙面发生反复的摩擦滑动行为,裂隙表面的凸起发生剪断和磨损,使得裂隙面粗糙度退化,粗糙度系数减小,裂隙岩体稳定性降低。当扰动幅值

较小时,发生的滑动位移也较小,稳定系数较大,稳定性较好。而当扰动幅值较小时,裂隙岩体渗透率较大,更易造成突水等灾害特征。由图6-4可知,随着扰动循环加载频率的增加,裂隙岩体稳定系数-扰动循环振幅曲线越来越陡,即当扰动振幅恒定时,裂隙岩体稳定系数随着开挖扰动循环加载频率的增加而降低。综合扰动应力失稳准则与裂隙岩体渗透率演化模型,扰动循环加载频率越大,裂隙岩体稳定系数越小,更容易发生失稳破坏,且循环加载频率越大,裂隙岩体渗透率越大,更易造成含裂隙岩体巷道发生突水等灾害。当扰动循环加载频率较大时,更容易发生失稳破坏及巷道突水等复合动力灾害。扰动频率越小,裂隙岩体越稳定。

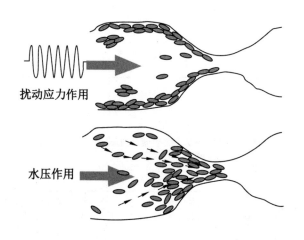

图6-6 扰动作用下巷道裂隙岩体颗粒运移机理示意图

本书开展的研究结果表明,在第2章常规静载、循环载荷及水压等作用下的岩体系统失稳时,涌水和坍塌动力失稳灾害发生具有两种单一失稳现象的共同特征。在进行深部开采时,岩体系统往往同时受到高静载、循环扰动载荷和水压的其中两种或者两种以上载荷共同作用而发生涌水和坍塌动力失稳现象。因此,巷道裂隙岩体的稳定性要考虑渗透水压、裂隙岩体渗透率及循环扰动应力的共同作用。结合扰动应力裂隙岩体变形失稳准则和裂隙岩体渗透率演化模型研究了裂隙岩体的稳定性,如图6-7所示。如前所述,在基于失稳准则判断裂隙岩体稳定性时,当扰动循环振幅达到巷道扰动循环载荷幅值最大值25 MPa时,即施加扰动应力幅值的最大偏应力小于峰值应力的57%,扰动循环加载频率为3 Hz,裂隙岩体稳定系数小于0,裂隙岩体失稳。基于裂隙岩体渗透率演化模型判断裂隙岩体稳定时,当循环应力幅值为5 MPa时,所有加载频率下的巷道裂隙岩体渗透率降低值都在50%以上,裂隙岩体更容易发生突水坍塌灾害。综合裂隙岩体失稳准则和渗透率演化模型,图6-7虚线内为裂隙岩体稳定区域,超出此区域,则裂隙岩体易发生失稳。结果表明,裂隙岩体扰动幅值较小,裂隙开度较大,较易造成裂隙岩体发生突水等灾害;扰动幅值较大时,裂隙岩体容易发生滑移失稳等灾害。因此,为保证裂隙岩体的稳定性,结合现场实际情况,保证扰动频率尽量小于2.5 Hz,扰动应力幅值取5~20 MPa之间较为合适,即应力幅值的最大偏应力宜小于峰值应力的57%。

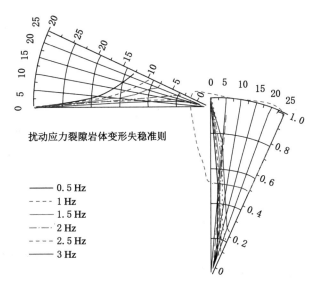

图 6-7　结合扰动应力裂隙岩体变形失稳准则和裂隙岩体
渗透率演化模型裂隙岩体的稳定范围研究

6.3　本 章 小 结

　　基于传统裂隙岩体失稳准则,考虑扰动应力下循环振幅和循环加载频率系数,建立了扰动应力下岩体失稳准则。在扰动应力作用下,考虑扰动循环叠加关系和渗透水压等影响因素较多,较难判断裂岩体的稳定性。因此,结合扰动应力下岩体失稳准则和裂隙岩体渗透率演化模型,分析了裂隙面粗糙度系数对裂隙岩体稳定系的影响以及扰动循环振幅和循环加载频率对裂隙稳定系数和裂隙岩体渗透率的影响,研究了裂隙岩体稳定系数及渗透率演化关系,探讨了裂隙岩体稳定性特征。本章主要研究结果包括以下几个方面。

　　(1) 静态应力作用下,由失稳公式可知,由最大主应力 σ_1、最小主应力 σ_3 及水压力 P_{m} 可判断裂隙岩体的稳定性。但是扰动应力作用下,考虑扰动循环叠加关系及影响因素较多,较难判断裂岩体稳定性,因此,结合了裂隙岩体渗透率演化模型进行岩体稳定性分析。

　　(2) 扰动应力失稳准则下的粗糙度系数 JRC 对巷道裂隙岩体稳定系数影响范围在 0～2 之间。而传统失稳准则下,当粗糙度系数 JRC 增大到 16 时,裂隙岩体稳定系数达到 7。在该类裂隙岩体中,利用传统失稳准则扩大了粗糙度系数 JRC 对巷道裂隙岩体稳定性的影响。因此,用扰动应力失稳准则分析裂隙岩体稳定性更符合工程实际。

　　(3) 结合扰动作用下裂隙岩体变形失稳准则和裂隙岩体渗透率演化模型研究了裂隙岩体的稳定性。发现裂隙岩体的稳定性要考虑渗透水压以及裂隙岩体渗透率及循环扰动应力共同作用。在基于失稳准则判断巷道裂隙岩体稳定性时,若扰动循环应力幅值达到扰动循环载荷幅值最大值 25 MPa，即施加扰动应力幅值的最大偏应力小于峰值应力的 57%，扰动循环加载频率为 3 Hz，裂隙岩体稳定系数小于 0，则裂隙岩体易发生失稳。当基于裂隙岩体渗透率演化模型判断巷道裂隙岩体稳定性时，若循环应力幅值为 5 MPa，所有加载频率下的巷道裂隙岩体渗透率降低值都在 50% 以上，则含裂隙的岩体更容易发生突水坍塌灾害。因此，为保证裂隙岩体的稳定性，结合现场实际情况，保证扰动频率尽量小于 2.5 Hz，扰动应力幅值取 5～20 MPa 之间较为合适，即应力幅值的最大偏应力宜小于峰值应力的 57%。

参 考 文 献

[1] 尹乾.复杂受力状态下裂隙岩体渗透特性试验研究[D].徐州:中国矿业大学,2017.

[2] MANGA M,BERESNEV I,BRODSKY E E,et al.Changes in permeability caused by transient stresses:field observations,experiments,and mechanisms[J].Reviews of Geophysics,2012,50(2):18-24.

[3] 刘超,张东明,尚德磊,等.峰后围压卸载对原煤变形和渗透特性的影响[J].岩土力学,2018,39(6):2017-2024.

[4] 吕苑鹃.国土资源部印发"十三五"科技创新发展规划[J].地质装备,2016,17(6):3.

[5] 何满潮,钱七虎.深部岩体力学及工程灾害控制研究[C]//突发地质灾害防治与减灾对策研究高级学术研讨会论文集.2006.

[6] 李毅.工程扰动条件下裂隙岩体的渗透特性及其演化规律研究[D].武汉:武汉大学,2014.

[7] 刘清泉.多重应力路径下双重孔隙煤体损伤扩容及渗透性演化机制与应用[D].徐州:中国矿业大学,2016.

[8] CAI X,ZHOU Z,DU X.Water-induced variations in dynamic behavior and failure characteristics of sandstone subjected to simulated geo-stress[J].International Journal of Rock Mechanics and Mining Sciences,2020,130:104339.

[9] ZHOU Z L,CAI X,LI X B,et al.Dynamic response and energy evolution of sandstone under coupled static-dynamic compression:insights from experimental study into deep rock engineering applications[J].Rock Mechanics and Rock Engineering,2020,53(3):1305-1331.

[10] KELSALL P C,CASE J B,CHABANNES C R.Evaluation of excavation-induced changes in rock permeability[J].International Journal of Rock Mechanics and Mining Sciences & Geomechanics Abstracts,1984,21(3):123-135.

[11] CHEN Y F,ZHENG H K,WANG M,et al.Excavation-induced relaxation effects and hydraulic conductivity variations in the surrounding rocks of a large-scale underground powerhouse cavern system[J].Tunnelling and Underground Space Technology,2015,49:253-267.

[12] MENG X X,LIU W T,MENG T.Experimental investigation of thermal cracking and permeability evolution of granite with varying initial damage under high temperature and triaxial compression[J].Advances in Materials Science and Engineering,2018,

2018:1-9.

[13] MAŠÍN D, TAMAGNINI C, VIGGIANI G, et al. Directional response of a reconstituted fine-grained soil: part II: performance of different constitutive models [J]. International Journal for Numerical and Analytical Methods in Geomechanics, 2006,30(13):1303-1336.

[14] WANG S G, ELSWORTH D, LIU J. Permeability evolution during progressive deformation of intact coal and implications for instability in underground coal seams [J]. International Journal of Rock Mechanics and Mining Sciences,2013,58:34-45.

[15] CHEN Y F, HU S, WEI K, et al. Experimental characterization and micromechanical modeling of damage-induced permeability variation in Beishan granite [J]. International Journal of Rock Mechanics and Mining Sciences,2014,71:64-76.

[16] XU P, YANG S Q. Permeability evolution of sandstone under short-term and long-term triaxial compression[J]. International Journal of Rock Mechanics and Mining Sciences,2016,85:152-164.

[17] LU J, YIN G, LI X, et al. Deformation and CO_2 gas permeability response of sandstone to mean and deviatoric stress variations under true triaxial stress conditions[J]. Tunnelling and Underground Space Technology,2019,84:259-272.

[18] XIAO W J, ZHANG D, WANG X. Experimental study on progressive failure process and permeability characteristics of red sandstone under seepage pressure [J]. Engineering Geology,2020,265:105406.

[19] SOULEY M, HOMAND F, PEPA S, et al. Damage-induced permeability changes in granite: a case example at the URL in Canada[J]. International Journal of Rock Mechanics and Mining Sciences,2001,38(2):297-310.

[20] PEREIRA J M, ARSON C. Retention and permeability properties of damaged porous rocks[J]. Computers and Geotechnics,2013,48:272-282.

[21] BENSON P M, MEREDITH P G, PLATZMAN E S, et al. Pore fabric shape anisotropy in porous sandstones and its relation to elastic wave velocity and permeability anisotropy under hydrostatic pressure[J]. International Journal of Rock Mechanics and Mining Sciences,2005,42(7/8):890-899.

[22] LEVASSEUR S, COLLIN F, CHARLIER R, et al. A micro-macro approach of permeability evolution in rocks excavation damaged zones [J]. Computers and Geotechnics,2013,49:245-252.

[23] JIANG T, SHAO J F, XU W Y, et al. Experimental investigation and micromechanical analysis of damage and permeability variation in brittle rocks [J]. International Journal of Rock Mechanics and Mining Sciences,2010,47(5):703-713.

[24] ODA M, TAKEMURA T, AOKI T. Damage growth and permeability change in triaxial compression tests of Inada granite[J]. Mechanics of Materials,2002,34(6): 313-331.

[25] CHEN YF, HU S H, ZHOU C B, et al. Micromechanical modeling of anisotropic

damage-induced permeability variation in crystalline rocks[J].Rock Mechanics and Rock Engineering,2014,47(5):1775-1791.

[26] LIU W,CHEN Y F,HU R,et al. A two-step homogenization-based permeability model for deformable fractured rocks with consideration of coupled damage and friction effects[J].International Journal of Rock Mechanics and Mining Sciences, 2016,89:212-226.

[27] VU M N,NGUYEN S T,TO Q D,et al.Theoretical predicting of permeability evolution in damaged rock under compressive stress [J].Geophysical Journal International,2017,209(2):1352-1361.

[28] NGUYEN T T N,VU M N,Tran N H,et al.Stress induced permeability changes in brittle fractured porous rock[J].International Journal of Rock Mechanics and Mining Sciences,2020,127:104224.

[29] BRUSH D J,THOMSON N R.Fluid flow in synthetic rough-walled fractures:Navier-Stokes,Stokes,and local cubic law simulations[J].Water Resources Research,2003, 39(4):1085.

[30] SNOW D T. Anisotropie permeability of fractured media [J]. Water Resources Research,1969,5(6):1273-1289.

[31] ZIMMERMAN R W,AL-YAARUBI A,PAIN C C,et al.Non-linear regimes of fluid flow in rock fractures [J].International Journal of Rock Mechanics and Mining Sciences,2004,41:163-169.

[32] JAVADI M,SHARIFZADEH M,SHAHRIAR K.A new geometrical model for non-linear fluid flow through rough fractures[J].Journal of Hydrology,2010,389(1/2): 18-30.

[33] LIU RC,YU L Y,JIANG Y J.Quantitative estimates of normalized transmissivity and the onset of nonlinear fluid flow through rough rock fractures [J]. Rock Mechanics and Rock Engineering,2017,50(4):1063-1071.

[34] ZIMMERMAN R W,YEO I W.Fluid flow in rock fractures:from the Navier-Stokes equations to the cubic law[M]//Dynamics of Fluids in Fractured Rock.Washington, D.C.:American Geophysical Union,2000:213-224.

[35] KONZUK J S,KUEPER B H.Evaluation of cubic law based models describing single-phase flow through a rough-walled fracture[J].Water Resources Research,2004,40 (2):1-17.

[36] ZOU L C,JING L R,CVETKOVIC V.Roughness decomposition and nonlinear fluid flow in a single rock fracture[J].International Journal of Rock Mechanics and Mining Sciences,2015,75:102-118.

[37] ZIMMERMAN R W,BODVARSSON G S.Hydraulic conductivity of rock fractures [J].Transport in Porous Media,1996,23(1):1-30.

[38] IWAI K.Fundamental studies of fluid flow through a single fracture[J].International Journal of Rock Mechanics and Mining Sciences & Geomechanics Abstracts,1979,16

（3）：54.

［39］ BROWN S R.Fluid flow through rock joints：the effect of surface roughness［J］. Journal of Geophysical Research：Solid Earth，1987，92（B2）：1337-1347.

［40］ RENSHAW C E.On the relationship between mechanical and hydraulic apertures in rough-walled fractures［J］.Journal of Geophysical Research：Solid Earth，1995，100 （B12）：24629-24636.

［41］ 许光祥，张永兴，哈秋舲.粗糙裂隙渗流的超立方和次立方定律及其试验研究［J］.水利学报，2003，34（3）：74-79.

［42］ WANG Z，XU C，DOWD P.A Modified Cubic Law for single-phase saturated laminar flow in rough rock fractures［J］.International Journal of Rock Mechanics and Mining Sciences，2018，103：107-115.

［43］ 周创兵，熊文林.岩石节理的渗流广义立方定理［J］.岩土力学，1996，17（4）：1-7.

［44］ 陈益峰，周创兵，盛永清.考虑峰后力学特性的岩石节理渗流广义立方定理［J］.岩土力学，2008，29（7）：1825-1831.

［45］ NOWAMOOZ A，RADILLA G，FOURAR M.Non-Darcian two-phase flow in a transparent replica of a rough-walled rock fracture［J］.Water Resources Research，2009，45（7）：1-9.

［46］ NOVAKOWSKI K S，LAPCEVIC P A.Field measurement of radial solute transport in fractured rock［J］.Water Resources Research，1994，30（1）：37-44.

［47］ BROWN S，CAPRIHAN A，HARDY R.Experimental observation of fluid flow channels in a single fracture［J］.Journal of Geophysical Research：Solid Earth，1998，103（B3）：5125-5132.

［48］ YEO I W，DE FREITAS M H，ZIMMERMAN R W.Effect of shear displacement on the aperture and permeability of a rock fracture［J］.International Journal of Rock Mechanics and Mining Sciences，1998，35（8）：1051-1070.

［49］ HAKAMI E V A，LARSSON E.Aperture measurements and flow experiments on a single natural fracture［J］.International Journal of Rock Mechanics and Mining Sciences & Geomechanics Abstracts，1996，33（4）：395-404.

［50］ MOURZENKO V V，THOVERT J F，ADLER P M.Permeability of asingle fracture：validity of the Reynolds equation［J］.Journal De Physique II，1995，5（3）：465-482.

［51］ NICHOLL M J，RAJARAM H，GLASS R J，et al.Saturated flow in a single fracture：evaluation of the Reynolds Equation in measured aperture fields［J］.Water Resources Research，1999，35（11）：3361-3373.

［52］ INOUE J，SUGITA H.Fourth-order approximation of fluid flow through rough-walled rock fracture［J］.Water Resources Research，2003，39（8）：1-10.

［53］ ZHAO Y，ZHANG L，WANG W，et al.Transient pulse test and morphological analysis of single rock fractures［J］.International Journal of Rock Mechanics and Mining Sciences，2017，91：139-154.

［54］ BELEM T，HOMAND-ETIENNE F，SOULEY M.Quantitative parameters for rock joint surface roughness[J]. Rock Mechanics and Rock Engineering, 2000, 33(4): 217-242.

[55] WATANABE N, HIRANO N, TSUCHIYA N. Diversity of channeling flow in heterogeneous aperture distribution inferred from integrated experimental-numerical analysis on flow through shear fracture in granite[J]. Journal of Geophysical Research: Solid Earth, 2009, 114(B4): 1-17.

[56] DEVELI K, BABADAGLI T. Quantification of natural fracture surfaces using fractal geometry[J]. Mathematical Geology, 1998, 30(8): 971-998.

[57] DEVELI K, BABADAGLI T, COMLEKCI C. A new computer-controlled surface-scanning device for measurement of fracture surface roughness[J]. Computers & Geosciences, 2001, 27(3): 265-277.

[58] WANG J S Y, NARASIMHAN T N, SCHOLZ C H. Aperture correlation of a fractal fracture[J]. Journal of Geophysical Research: Solid Earth, 1988, 93(B3): 2216-2224.

[59] RENARD F, CANDELA T, BOUCHAUD E. Constant dimensionality of fault roughness from the scale of micro-fractures to the scale of continents[J]. Geophysical Research Letters, 2013, 40(1): 83-87.

[60] PANDE C S, RICHARDS L R, SMITH S. Fractal characteristics of fractured surfaces [J]. Journal of Materials Science Letters, 1987, 6(3): 295-297.

[61] XIE H, WANG J A, KWAŚNIEWSKI M A. Multifractal characterization of rock fracture surfaces[J]. International Journal of Rock Mechanics and Mining Sciences, 1999, 36(1): 19-27.

[62] TSANG Y W. The effect of tortuosity on fluid flow through a single fracture[J]. Water Resources Research, 1984, 20(9): 1209-1215.

[63] GHANBARIAN B, HUNT A G, DAIGLE H. Fluid flow in porous media with rough pore-solid interface[J]. Water Resources Research, 2016, 52(3): 2045-2058.

[64] YI J, XING H, WANG J, et al. Pore-scale study of the effects of surface roughness on relative permeability of rock fractures using lattice Boltzmann method[J]. Chemical Engineering Science, 2019, 209: 115178.

[65] BABADAGLI T, REN X, DEVELI K. Effects of fractal surface roughness and lithology on single and multiphase flow in a single fracture: an experimental investigation[J]. International Journal of Multiphase Flow, 2015, 68: 40-58.

[66] 张奇.平面裂隙接触面积对裂隙渗透性的影响[J].河海大学学报(自然科学版),1994, 22(2): 57-64.

[67] ZIMMERMAN R W, CHEN D W, COOK N G W. The effect of contact area on the permeability of fractures[J]. Journal of Hydrology, 1992, 139(1/2/3/4): 79-96.

[68] UNGER A J A, MASE C W. Numerical study of the hydromechanical behavior of two rough fracture surfaces in contact[J]. Water Resources Research, 1993, 29(7): 2101-2114.

[69] MURATA S, SAITO T. Estimation of tortuosity of fluid flow through a single

fracture[J].Journal of Canadian Petroleum Technology,2003,42(12):39-45.

[70] CHEN C Y, HORNE R N. Two-phase flow in rough-walled fractures:experiments and a flow structure model[J].Water Resources Research,2006,42(3):W03430.

[71] GE S M.A governing equation for fluid flow in rough fractures[J].Water Resources Research,1997,33(1):53-61.

[72] 杨米加,陈明雄,贺永年.单裂隙曲折率对流体渗流过程的影响[J].岩土力学,2001,22(1):78-82.

[73] PRUESS K,TSANG Y W.On two-phase relative permeability and capillary pressure of rough-walled rock fractures [J]. Water Resources Research, 1990, 26 (9): 1915-1926.

[74] SCHMITTBUHL J, STEYER A, JOUNIAUX L, et al. Fracture morphology and viscous transport[J].International Journal of Rock Mechanics and Mining Sciences, 2008,45(3):422-430.

[75] SHAPIRO A M, NICHOLAS J R. Assessing the validity of the channel model of fracture aperture under field conditions[J].Water Resources Research,1989,25(5):817-828.

[76] NEMOTO K, WATANABE N, HIRANO N, et al. Direct measurement of contact area and stress dependence of anisotropic flow through rock fracture with heterogeneous aperture distribution[J].Earth and Planetary Science Letters,2009,281(1/2):81-87.

[77] ISHIBASHI T, WATANABE N, HIRANO N, et al. Beyond-laboratory-scale prediction for channeling flows through subsurface rock fractures with heterogeneous aperture distributions revealed by laboratory evaluation[J].Journal of Geophysical Research:Solid Earth,2015,120(1):106-124.

[78] 盛金昌,王璠,张霞,等.格子Boltzmann方法研究岩石粗糙裂隙渗流特性[J].岩土工程学报,2014,36(7):1213-1217.

[79] TSANG Y W, WITHERSPOON P A. Hydromechanical behavior of a deformable rock fracture subject to normal stress[J]. Journal of Geophysical Research: Solid Earth,1981,86(B10):9287-9298.

[80] GALE J E.The effects of fracture type (induced versus natural) on the stress-fracture closure-fracture permeability relationships[M].[S.l.:s.n.],1982.

[81] RAVEN K G,GALE J E.Water flow in a natural rock fracture as a function of stress and sample size[J].International Journal of Rock Mechanics and Mining Sciences & Geomechanics Abstracts,1985,22(4):251-261.

[82] DURHAM W B,BONNER B P.Self-propping and fluid flow in slightly offset joints at high effective pressures[J].Journal of Geophysical Research:Solid Earth,1994,99(B5):9391-9399.

[83] LEE H S,CHO T F.Hydraulic characteristics of rough fractures in linear flow under normal and shear load[J]. Rock Mechanics and Rock Engineering, 2002, 35 (4):

299-318.

[84] MIN K B, RUTQVIST J, TSANG C F, et al. Stress-dependent permeability of fractured rock masses: a numerical study[J]. International Journal of Rock Mechanics and Mining Sciences, 2004, 41(7): 1191-1210.

[85] 李相臣, 康毅力, 罗平亚. 应力对煤岩裂缝宽度及渗透率的影响[J]. 煤田地质与勘探, 2009, 37(1): 29-32.

[86] ZHOU J Q, HU S H, FANG S, et al. Nonlinear flow behavior at low Reynolds numbers through rough-walled fractures subjected to normal compressive loading [J]. International Journal of Rock Mechanics and Mining Sciences, 2015, 80: 202-218.

[87] ZHANG Z, NEMCIK J. Fluid flow regimes and nonlinear flow characteristics in deformable rock fractures[J]. Journal of Hydrology, 2013, 477: 139-151.

[88] WU W, GENSTERBLUM Y, REECE J S, et al. Permeability evolution with shearing of simulated faults in unconventional shale reservoirs[C]//Agu Fall Meeting. [S.l.: s. n.], 2016.

[89] WU W, REECE J S, GENSTERBLUM Y, et al. Permeability evolution of slowly slipping faults in shale reservoirs[J]. Geophysical Research Letters, 2017, 44(22): 11368-11375.

[90] SINGH K K, SINGH D N, RANJITH P G. Laboratorysimulation of flow through single fractured granite[J]. Rock Mechanics and Rock Engineering, 2015, 48(3): 987-1000.

[91] REECE J. Effect of shear slip on fault permeability in shale reservoir rocks[J]. American Geophysical Union, 2014: 15-19.

[92] LIU C H, CHEN C X, JAKSA M B. Seepage properties of a single rock fracture subjected to triaxial stresses [J]. Progress in Natural Science, 2007, 17(12): 1482-1486.

[93] CHEN Z, NARAYAN S P, YANG Z, et al. An experimental investigation of hydraulic behaviour of fractures and joints in granitic rock[J]. International Journal of Rock Mechanics and Mining Sciences, 2000, 37(7): 1061-1071.

[94] ZHANG H W, WAN Z J, FENG Z J, et al. Shear-induced permeability evolution of sandstone fractures[J]. Geofluids, 2018, 2018: 1-11.

[95] ZHANG Z Y, NEMCIK J, MA S Q. Micro- and macro-behaviour of fluid flow through rock fractures: an experimental study [J]. Hydrogeology Journal, 2013, 21(8): 1717-1729.

[96] JIANG Y, WANG G, LI B et al. Experimental Study and Analysis of Shear-Flow Coupling behavior of rock joint [J]. Chinese Journal of Rock Mechanics & Engineering, 2007, 26(11): 2253-2259.

[97] LI B, JIANG Y, KOYAMA T, et al. Experimental study of the hydro-mechanical behavior of rock joints using a parallel-plate model containing contact areas and artificial fractures[J]. International Journal of Rock Mechanics and Mining Sciences,

2008,45(3):362-375.

[98] LI B,LIU R,JIANG Y.A multiple fractal model for estimating permeability of dual-porosity media[J].Journal of Hydrology,2016,540:659-669.

[99] LI B,MO Y,ZOU L,et al.Influence of surface roughness on fluid flow and solute transport through 3D crossed rock fractures [J]. Journal of Hydrology, 2020, 582:124284.

[100] OLSSON R,BARTON N.An improved model for hydromechanical coupling during shearing of rock joints[J]. International Journal of Rock Mechanics and Mining Sciences,2001,38(3):317-329.

[101] SHI Z M,SHEN D Y,ZHANG Q Z,et al.Experimental study on the coupled shear flow behavior of jointed rock samples[J].European Journal of Environmental and Civil Engineering,2018,22(s1):s333-s350.

[102] ZHAO C,ZHANG R,ZHANG Q Z,et al.Shear-flow coupled behavior of artificial joints with sawtooth asperities[J].Processes,2018,6(9):152.

[103] YASUHARA H,ELSWORTH D,POLAK A.Evolution of permeability in a natural fracture:significant role of pressure solution[J].Journal of Geophysical Research: Solid Earth,2004,109(B3):B03204.

[104] LI Y,CHEN Y F,ZHOU C B. Hydraulic properties of partially saturated rock fractures subjected to mechanical loading[J].Engineering Geology,2014,179:24-31.

[105] WANG S F,LI X B,YAO J R,et al.Experimental investigation of rock breakage by a conical pick and its application to non-explosive mechanized mining in deep hard rock[J]. International Journal of Rock Mechanics and Mining Sciences, 2019, 122:104063.

[106] WANG Y T,ZHOU X P,KOU M M.An improved coupled thermo-mechanic bond-based peridynamic model for cracking behaviors in brittle solids subjected to thermal shocks[J].European Journal of Mechanics - A/Solids,2019,73:282-305.

[107] KOU M M,LIU X R,TANG S D,et al.3-D X-ray computed tomography on failure characteristics of rock-like materials under coupled hydro-mechanical loading[J]. Theoretical and Applied Fracture Mechanics,2019,104:102396.

[108] BRODSKY E E,ROELOFFS E,WOODCOCK D,et al.A mechanism for sustained groundwater pressure changes induced by distant earthquakes [J]. Journal of Geophysical Research:Solid Earth,2003,108(B8):2390.

[109] ELKHOURY J E, BRODSKY E E, AGNEW D C. Seismic waves increase permeability[J].Nature,2006,441(7097):1135-1138.

[110] FAORO I,ELSWORTH D,MARONE C.Permeability evolution during dynamic stressing of dual permeability media [J]. Journal of Geophysical Research: Solid Earth,2012,117(B1):B01310.

[111] SHMONOV V M,VITOVTOVA V M,ZHARIKOV A V.Experimental study of seismic oscillation effect on rock permeability under high temperature and pressure

［J］.International Journal of Rock Mechanics and Mining Sciences,1999,36（3）:405-412.

［112］CANDELA T,BRODSKY E E,MARONE C,et al.Laboratory evidence for particle mobilization as a mechanism for permeability enhancement via dynamic stressing ［J］.Earth and Planetary Science Letters,2014,392:279-291.

［113］CANDELA T,BRODSKY E E,MARONE C,et al.Flow rate dictates permeability enhancement during fluid pressure oscillations in laboratory experiments［J］.Journal of Geophysical Research:Solid Earth,2015,120（4）:2037-2055.

［114］SHI Z M,ZHANG S C,YAN R,et al.Fault zone permeability decrease following large earthquakes in a hydrothermal system［J］.Geophysical Research Letters,2018, 45（3）:1387-1394.

［115］SHI Z M,WANG G C.Sustained groundwater level changes and permeability variation in a fault zone following the 12 May 2008,Mw 7.9 Wenchuan earthquake ［J］.Hydrological Processes,2015,29（12）:2659-2667.

［116］SHI Y,LIAO X,ZHANG D,et al.Seismic waves could decrease the permeability of the shallow crust［J］.Geophysical Research Letters,2019,46（12）:6371-6377.

［117］XUE L,LI H B,BRODSKY E E,et al.Continuous permeability measurements record healing inside the Wenchuan earthquake fault zone［J］.Science,2013,340 （6140）:1555-1559.

［118］LIAO X,WANG C Y,LIU C P.Disruption of groundwater systems by earthquakes ［J］.Geophysical Research Letters,2015,42（22）:9758-9763.

［119］RUTTER H K,COX S C,DUDLEY WARD N F,et al.Aquifer permeability change caused by a near-field earthquake,Canterbury,New Zealand［J］.Water Resources Research,2016,52（11）:8861-8878.

［120］CONNOLLY J A D,PODLADCHIKOV Y Y.An analytical solution for solitary porosity waves:dynamic permeability and fluidization of nonlinear viscous and viscoplastic rock［J］.Geofluids,2015,15（1/2）:269-292.

［121］GEBALLE Z M,WANG C Y,MANGA M.A permeability-change model for water-level changes triggered by teleseismic waves［J］.Geofluids,2011,11（3）:302-308.

［122］LIU W Q,MANGA M.Changes in permeability caused by dynamic stresses in fractured sandstone［J］.Geophysical Research Letters,2009,36（20）:2-5.

［123］朱立,刘卫群,王甘林.振动对充填裂隙渗透率影响的实验研究［J］.实验力学,2012,27 （2）:201-206.

［124］SAFFER D M.The permeability of active subduction plate boundary faults［J］. Geofluids,2015,15（1/2）:193-215.

［125］李星.真三轴应力条件下层状复合岩石力学及渗流特性理论与试验研究［D］.重庆:重庆大学,2017.

［126］PENG K,ZHOU J,ZOU Q,et al.Effect of loading frequency on the deformation behaviours of sandstones subjected to cyclic loads and its underlying mechanism［J］.

International Journal of Fatigue,2020,131:105349.

[127] CAI X,ZHOU Z L,LIU K W,et al.Water-weakening effects on the mechanical behavior of different rock types:phenomena and mechanisms[J].Applied Sciences, 2019,9(20):4450.

[128] 陈跃都.水力耦合作用下岩体粗糙裂隙渗流及滑移失稳机理研究[D].太原:太原理工大学,2018.

[129] BARTON N.Review of a new shear-strength criterion for rock joints[J].Engineering Geology,1973,7(4):287-332.

[130] INDRARATNA B,RANJITH P.Hydromechanical aspects and unsaturated flow in jointed rock[J].A A Balkema Publishers,2001.

[131] TURK N,DEARMAN W R.Investigation of some rock joint properties[C]//Rough ness angle determination and jiont closure,Pro,Int Symp on Fundamentals of Roxk Joints,1985:197-204.

[132] TSE R,CRUDEN D M.Estimating joint roughness coefficients[J].International Journal of Rock Mechanics and Mining Sciences & Geomechanics Abstracts,1979, 16(5):303-307.

[133] HUANG N,LIU R C,JIANG Y J.Numerical study of the geometrical and hydraulic characteristics of 3D self-affine rough fractures during shear[J].Journal of Natural Gas Science and Engineering,2017,45:127-142.

[134] YE Z,GHASSEMI A.Injection-induced shear slip and permeability enhancement in granite fractures[J].Journal of Geophysical Research:Solid Earth,2018,123(10): 9009-9032.

[135] MANGA M,BERESNEV I,BRODSKY E E,et al.Changes in permeability caused by transient stresses:field observations,experiments,and mechanisms[J].Reviews of Geophysics,2012,50(2):RG2004.

[136] ZHOU Z L,ZHANG J,CAI X,et al.Permeability evolution of fractured rock subjected to cyclic axial load conditions[J].Geofluids,2020,2020:1-12.

[137] BRACE W F,WALSH J B,FRANGOS W T.Permeability of granite under high pressure[J].Journal of Geophysical Research,1968,73(6):2225-2236.

[138] ZHAO Y L,ZHANG L Y,WANG W J,et al.Transient pulse test and morphological analysis of single rock fractures[J].International Journal of Rock Mechanics and Mining Sciences,2017,91:139-154.

[139] 李小春,高桥学,吴智深,等.瞬态压力脉冲法及其在岩石三轴试验中的应用[J].岩石力学与工程学报,2001,20(增刊1):1725-1733.

[140] PAGANO I S,GOTAY C C.A transient laboratory method for determining the hydraulic properties of 'tight' rocks:I:Theory[J].International Journal of Rock Mechanics and Mining Sciences & Geomechanics Abstracts,1981,18(3):245-252.

[141] FEDOR F,HÁMOS G,JOBBIK A,et al.Laboratory pressure pulse decay permeability measurement of Boda Claystone,Mecsek Mts.,SW Hungary[J].

Physics and Chemistry of the Earth,Parts A/B/C,2008,33:S45-S53.

[142] 王旭升,陈占清.岩石渗透试验瞬态法的水动力学分析[J].岩石力学与工程学报,2006,25(增刊1):3098-3103.

[143] DANA E, SKOCZYLAS F. Gas relative permeability and pore structure of sandstones[J].International Journal of Rock Mechanics and Mining Sciences,1999,36(5):613-625.

[144] JANG H, LEE J, LEE W. Experimental apparatus and method to investigate permeability and porosity of shale matrix from Haenam Basin in Korea[J]. Environmental Earth Sciences,2015,74(4):3333-3343.

[145] GHABEZLOO S,SULEM J,SAINT-MARC J.Evaluation of a permeability-porosity relationship in a low-permeability creeping material using a single transient test[J]. International Journal of Rock Mechanics and Mining Sciences,2009,46(4):761-768.

[146] MOKHTARI M, TUTUNCU A N. Characterization of anisotropy in the permeability of organic-rich shales [J]. Journal of Petroleum Science and Engineering,2015,133:496-506.

[147] ZHOU Z L,ZHOU J,CAI X, et al.Acoustic emission source location considering refraction in layered media with cylindrical surface[J]. Transactions of Nonferrous Metals Society of China,2020,30(3):789-799.

[148] ZHOU Z L,RUI Y C,CAI X, et al. A closed-form method of acoustic emission source location for velocity-free system using complete TDOA measurements[J]. Sensors,2020,20(12):3553.

[149] ZHOU Z L,RUI Y C,CAI X,et al.A weighted linear least squares location method of an acoustic emission source without measuring wave velocity[J].Sensors,2020,20(11):3191.

[150] CAI W,DOU L,ZHANG M,et al.A fuzzy comprehensive evaluation methodology for rock burst forecasting using microseismic monitoring [J]. Tunnelling and Underground Space Technology,2018,80:232-245.

[151] LIU X F,SONG D Z, HE X Q,et al.Nanopore structure of deep-burial coals explored by AFM[J].Fuel,2019,246:9-17.

[152] FILIPUSSI D A,GUZMÁN C A,XARGAY H D,et al.Study of acoustic emission in a compression test of andesite rock[J].Procedia Materials Science,2015,9:292-297.

[153] 李俊平,余志雄,周创兵,等.水力耦合下岩石的声发射特征试验研究[J].岩石力学与工程学报,2006,25(3):492-498.

[154] LIU B,MA Y,ZHANG G,et al.Acoustic emission investigation of hydraulic and mechanical characteristics of muddy sandstone experienced one freeze-thaw cycle[J]. Cold Regions Science and Technology,2018,151:335-344.

[155] 俞缙,李宏,陈旭,等.砂岩卸围压变形过程中渗透特性与声发射试验研究[J].岩石力学与工程学报,2014,33(1):69-79.

[156] KEEFER D K.Investigating landslides caused by earthquakes - A historical review

[J].Surveys in Geophysics,2002,23(6):473-510.

[157] LOWRY A R.Resonant slow fault slip in subduction zones forced by climatic load stress[J].Nature,2006,442(7104):802-805.

[158] VOGLER D, AMANN F, BAYER P, et al. Permeability evolution in natural fractures subject to cyclic loading and gouge formation[J].Rock Mechanics and Rock Engineering,2016,49(9):3463-3479.

[159] IDE S, YABE S, TANAKA Y.Earthquake potential revealed by tidal influence on earthquake size-frequency statistics[J].Nature Geoscience,2016,9(11):834-837.

[160] RUTTER E H,MECKLENBURGH J.Influence of normal and shear stress on the hydraulic transmissivity of thin cracks in a tight quartz sandstone,a granite,and a shale[J].Journal of Geophysical Research:Solid Earth,2018,123(2):1262-1285.

[161] FANG Y, ELSWORTH D, WANG C Y, et al. Frictional stability-permeability relationships for fractures in shales [J]. Journal of Geophysical Research: Solid Earth,2017,122(3):1760-1776.

[162] ELKHOURY J E, BRODSKY E E, AGNEW D C. Seismic waves increase permeability[J].Nature,2006,441(7097):1135-1138.

[163] ZHOU Z L,CHENG R S,CAI X,et al.Comparison of presplit and smooth blasting methods for excavation of rock wells[J].Shock and Vibration,2019,2019:1-12.

[164] ZHOU Z L,ZHANG J,CAI X,et al.Permeability experiment of fractured rock with rough surfaces under different stress conditions[J].Geofluids,2020,2020:1-15.

[165] BARTON N,BANDIS S,BAKHTAR K.Strength,deformation and conductivity coupling of rock joints[J].International Journal of Rock Mechanics and Mining Sciences & Geomechanics Abstracts,1985,22(3):121-140.